MANUEL

THÉORIQUE ET PRATIQUE

DU VINAIGRIER

ET

DU MOUTARDIER,

SUIVI

DE NOUVELLES RECHERCHES
SUR LA FERMENTATION VINEUSE,
PRÉSENTÉES
A L'ACADÉMIE ROYALE DES SCIENCES;

Par M. Julia Fontenelle,

Professeur de chimie médicale, Président de la Société des sciences physiques et chimiques de Paris, Membre honoraire de la Société royale de Varsovie, Membre de la Société de chimie médicale, de l'Académie royale de médecine, et des Académies royales des sciences de Barcelone, Rouen, Lyon, etc.

PARIS,

RORET, LIBRAIRE, RUE HAUTEFEUILLE,

AU COIN DE CELLE DU BATTOIR.

1827

PARIS, IMPRIMERIE DE DECOURCHANT,

RUE D'ERFURTH, N. 1, PRES L'ABBAYE.

A

B.-L. Foulques,

Commissaire du Roi près de la Monnaie
à Limoges,
Membre de plusieurs Sociétés savantes,

Son ami,
Julia Fontenelle.

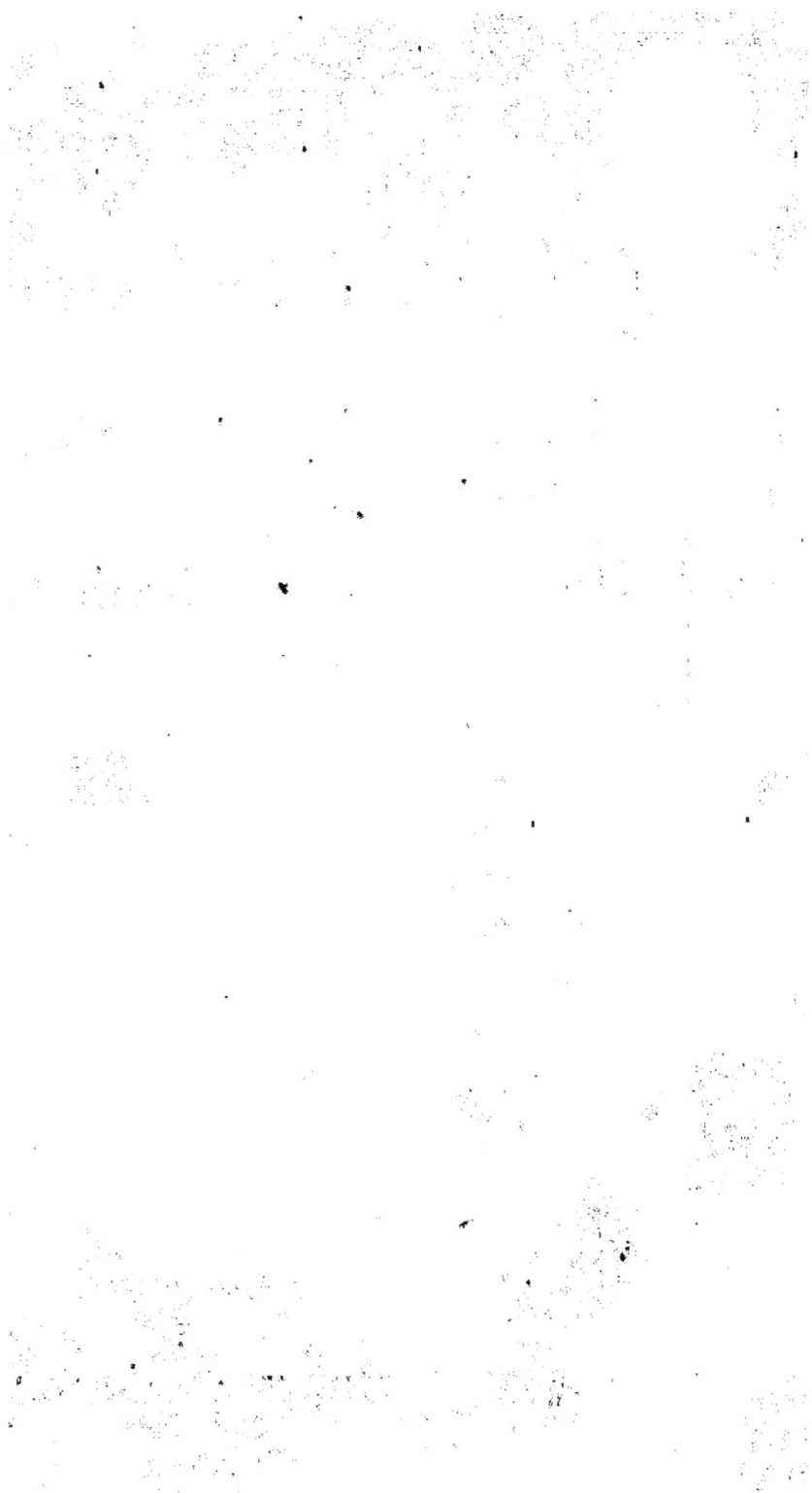

INTRODUCTION.

On a regardé, avec juste raison, l'*Encyclopédie* comme les archives de l'esprit humain, et comme un des plus beaux monumens qu'on ait élevés aux sciences, aux arts et aux lettres. En effet, lors de la publication de cet important ouvrage, presque tous les hommes les plus marquans dans les sciences, les arts et les belles-lettres, se réunirent pour y concourir; et, si le choix de ces mêmes hommes ne fut pas toujours heureux, l'on doit convenir aussi que le plus grand nombre étaient dignes d'une si belle mission.

L'*Encyclopédie* contribua puissamment aux progrès des sciences et des arts, tant en rapprochant une foule de savans qu'en rattachant, à la grande chaîne des vérités, un grand nombre d'anneaux qui en étaient isolés. Les arts, surtout, en éprouvèrent des avantages immenses. Le plus grand nombre ne connaissait d'autres principes qu'une routine de tradition, décorée du

.a

nom de *secret*, et que l'artiste vendait comme une partie principale de son établissement. Chaque art avait son prétendu secret, qui ne reposait, il est vrai, sur aucune théorie bien établie; aussi, lorsque le moindre accident changeait la marche d'une opération, le fabricant était arrêté tout court, faute de moyens propres à y parer. Lorsque les sciences physiques et chimiques eurent, par leurs progrès, imprimé une nouvelle marche à l'esprit humain, on s'empressa d'éclairer, par la théorie, la pratique des arts, qui, dès lors, se dépouillant des préjugés qui les entouraient, virent disparaître la plus grande partie des erreurs dont ils étaient entachés; quelques-uns même firent de tels progrès qu'ils ont pris rang, depuis, parmi les sciences. Cependant, quelles que fussent les améliorations qu'aient éprouvées alors les arts chimiques, il semblait réservé au dix-neuvième siècle de voir s'agrandir leur vaste domaine, tant par les nombreuses découvertes qu'on doit à la chimie, que par leur application aux arts, le nouveau jour qu'elles ont porté dans les procédés, et les instrumens dont ces mêmes arts se sont enrichis.

La fabrication du vinaigre mérite d'être classée parmi les arts chimiques, surtout depuis qu'on est parvenu à extraire cet acide des bois par leur carbonisation. Cet art, dont l'origine est des plus reculées, doit avoir accompagné celui de la fabrication du vin. Moïse, en effet, parle du vinaigre, dont les Israélites et plusieurs autres nations d'Orient faisaient usage de temps immémorial, puisque Booz disait à Ruth : Versez quelques gouttes de vinaigre dans votre boisson. Son utilité dans l'économie domestique étant bien reconnue, on dut nécessairement s'occuper de sa fabrication ; aussi devint-elle l'objet d'un commerce particulier et exclusif du temps que la France vivait sous l'empire des priviléges.

La communauté des vinaigriers était très-ancienne. Elle fut érigée en jurande en 1394, et ses statuts, de ce temps, ont été augmentés ou modifiés jusqu'en 1658, qui est la date de leurs derniers réglemens, que nous allons faire connaître.

Le nombre des jurés était fixé à quatre, dont deux étaient élus tous les ans, le 20 octobre, en remplacement des deux plus anciens qui sortaient de charge.

Il n'y avait que les maîtres qui avaient sept ans de réception qui pussent obliger un apprenti. Nul ne pouvait être reçu à la maîtrise qu'après quatre ans d'apprentissage, et avoir servi les maîtres pendant deux ans en qualité de compagnon. Il fallait aussi qu'il eût pris chef-d'œuvre des jurés, à la réserve des fils de maîtres, qui étaient admis sur une simple expérience.

Les veuves jouissaient de tous les priviléges des maîtres, tant qu'elles étaient en viduité, à l'exception des apprentis, qu'elles ne pouvaient obliger.

Les ouvrages et marchandises que les maîtres vinaigriers pouvaient faire et vendre, à l'exclusion de tous les maîtres des autres communautés, étaient les vinaigres de toutes sortes, le verjus, la moutarde, et les lies sèches et liquides.

A l'égard de la vente des eaux-de-vie et esprits-de-vin, qu'il leur était permis de distiller, elle leur était commune avec les distillateurs, les limonadiers, etc.

Il est aisé de voir, par ces statuts, que la profession de vinaigrier était alors fort considérée. En effet, jusque vers le milieu du dix-huitième siècle, la culture de la vigne n'était point aussi étendue en France, et la quantité des esprits et eau-de-vie n'égalait point la douzième partie de ceux que l'on fabrique depuis les importans changemens apportés dans la distillation par MM. Edouard Adam, lesquels ont été suivis des améliorations de MM. Isaac Bérard, Solimani, Derosne, Duportal, Alégre, Sellier, parmi lesquels je rangerait mon appareil distillatoire, qui fut alors accueilli avec beaucoup d'empressement par les fabricans d'eau-de-vie (1). Depuis, dis-je, l'art de la distillation des vins est sorti du laboratoire des vinaigriers, et a donné lieu à d'immenses établissemens, surtout dans les départemens de l'Hérault, de l'Aude et des Pyrénées-Orientales, où l'on fabrique à la vérité moins d'eau-de-vie qu'autrefois, mais, en revanche, une quantité immense d'alcool à divers degrés et dans le plus grand état de concentration qu'on puisse le livrer au commerce (2).

(1) *Vid.* Cet appareil, qui se trouve décrit et gravé dans les annales de chimie, n° 141.

(2) Je ne prétends point dire que l'on fabrique de l'alcool absolu ; ce n'est que dans les laboratoires de chimie qu'on l'obtient dans cet état.

L'art du vinaigrier ne fut, pour ainsi dire, qu'un art empyrique jusqu'à ce que Lavoisier eût fait connaître ses belles expériences sur la fermentation spiritueuse, sur ses produits, sur la décomposition de la matière sucrée, et sa conversion en alcool, en gaz acide carbonique. Depuis, MM. Berthollet, Vauquelin et Fourcroy, Gay-Lussac, Thénard et de Saussure, etc., et s'il m'est permis de me citer après ces chimistes célèbres (1), ont porté le plus grand jour sur les phénomènes des fermentations spiritueuse et acétique.

Cependant, malgré les doctes travaux de ces habiles chimistes, la société de pharmacie de Paris, considérant combien il était intéressant pour la science de porter un nouvel examen spécial sur la fermentation acétique, en a fait un sujet de prix ainsi conçu (2) :

(1) *Vid.* Mon mémoire sur la fermentation vineuse, lu à l'Académie royale des Sciences, et inséré à la fin de cet ouvrage.

(2) Ce prix consiste en une médaille d'or de la valeur de 1,000 f., à l'auteur qui aura résolu toutes ces questions, ou en une médaille de 500 f., si toutes ces questions ne sont pas résolues d'une manière satisfaisante, mais seulement le plus grand nombre. Les mémoires doivent être adressés avant le 1er avril 1827.

1.º Déterminer quels sont les phénomènes essentiels qui accompagnent la
transformation des substances organiques
en acide acétique dans l'acte de la fermentation.

2.º La formation de l'acide acétique
est-elle toujours précédée de la production d'alcool, comme la production du
sucre précède celle de l'alcool dans la fermentation alcoolique ?

3.º Quelles sont les matières qui peuvent servir de ferment pour la fermentation acétique, et quels sont les caractères
essentiels de ces sortes de fermens.

4.º Quelle est l'influence de air dans
la fermentation ? est-il indispensable ? Dans
ce cas, comment agit-il ? joue-t-il le même
rôle que dans la fermentation alcoolique,
ou bien, s'il est absorbé, devient-il partie
constituante de l'acide, ou enfin forme-
t-il des produits étrangers ?

5.º Établir en résumé une théorie de
la fermentation ainsi en harmonie avec
les faits observés.

Il est aisé de voir de quelle importance est

à M. Henry, secrétaire-général, quai de la Tour-
nelle, nº 5.

aux yeux de cette savante compagnie la fabrication de l'acide acétique. Ayant l'honneur d'en faire partie, j'ai cru devoir m'attacher à résoudre une partie des problèmes qu'elle a proposés. En conséquence, après avoir étudié la partie pratique de la fabrication du vinaigre dans les ouvrages où les mémoires de Stahl, Beccher, Venel, Boërhaave, Spielmann, Glaubert (1), Homberg, Montet, Lepechin, Macquer, Simon, Rouelle, Geoffroy, Baumé, Demachy, etc., j'ai cru devoir appliquer à cette fabrication les théories reçues des fermentations spiritueuse et acétique, et partir de ces principes pour éclaircir la pratique de cet art. J'ai divisé donc cet ouvrage en cinq parties.

Dans la première, je traite du moût, de la fermentation spiritueuse et de ses produits.

Dans la seconde, des vinaigres, de ses différentes espèces et de leurs divers modes de préparation, en y joignant un ta-

(1) Quoique Moïse, et après lui Dioscoride, Hérodote, Hypocrate, Pline, Galien, etc., aient parlé du vinaigre, c'est dans les écrits de Glaubert qu'on trouve les premiers procédés bien détaillés pour le fabriquer.

bleau très-étendu des proportions d'alcool que contiennent les principaux vins de France et de l'étranger.

La troisième est consacrée à la fabrication du vinaigre de bois, à l'examen des produits de la carbonisation de ce combustible, aux frais et aux bénéfices que donnent ces établissemens, ainsi qu'aux moyens propres à reconnaître leur degré d'acidité et de falsification.

La quatrième est consacrée aux vinaigres composés.

La cinquième traite de l'application du vinaigre à l'économie domestique, à la médecine et aux arts.

J'ai consacré quelques pages à l'art du moutardier. Comme cette partie n'offre rien de scientifique, j'ai cru devoir y attacher quelque intérêt en y plaçant l'analyse chimique de la moutarde, qui m'a valu une double médaille des sociétés royales de médecine de Marseille et de Toulouse. Les détails dans lesquels je suis entré dans cette analyse, et l'huile volatile de moutarde que j'ai séparée et bien étudiée, ne pourront qu'être utiles aux fabricans de moutarde. C'est à tort qu'on exigerait de moi l'exposition d'une foule de recettes minutieuses des diverses méthodes; toutes rentrent dans la même préparation, puisqu'en général elles ne diffèrent entre elles que par le goût et l'odeur de la substance qu'on met à infuser dans le véhicule. J'ai terminé cet article par un aperçu sur les vertus médicales de la moutarde; enfin j'ai placé à la fin de l'ouvrage un vocabulaire propre à en faciliter la lecture.

Dans tout le cours de ce travail, je me suis attaché à ne chercher la vérité que dans l'enchaînement naturel des expériences, et je me suis imposé la loi de ne procéder jamais que du connu à l'inconnu. J'ai eu toujours en vue cette maxime de Lavoisier, de ne déduire aucune conséquence qui ne dérive immédiatement des expériences et des observations, et d'enchaîner les faits et les vérités chimiques dans l'ordre le plus propre à en faciliter la connaissance aux commerçans et aux gens du monde.

MANUEL
DU VINAIGRIER.

>>>>>>>>>>>>>>>>><<<<<<<<<<<<<

PREMIÈRE PARTIE.

—◆—

CHAPITRE PREMIER.

DU MOUT, DE LA FERMENTATION SPIRITUEUSE, ET DE SES PRODUITS.

Après la culture des céréales, la vigne est le végétal qui offre le plus d'intérêt, tant par son utilité que par ses diverses applications aux arts et à la médecine. Il paraît presque impossible d'assigner l'époque fixe à laquelle on commença à la cultiver. La plupart des historiens l'attribuent à Noé, d'après ce passage de l'Ecriture sainte : *Cœpitque Noë vir agricola exercere terram et plantavit vineam* ; c'est sur le même fondement qu'ils l'ont regardé comme l'inventeur de la fabrication du vin (1). Suivant

(1) Athénée prétend qu'Oreste, fils de Deucalion, vint régner en Ethna et y planta la vigne ; les his-

le témoignage des mêmes historiens, les Phéniciens transportèrent la culture de la vigne, de l'Asie, dans l'Archipel, en Grèce, en Sicile, en Italie; et, lorsqu'ils se transplantèrent sur les côtes de la Provence, ils la plantèrent dans les environs de Marseille. Quoi qu'il en soit de l'origine de la vigne, l'Espagne est regardée comme une des contrées où elle a été le plus anciennement cultivée. Cette culture s'y était même tellement propagée que, vers l'an 92 de l'ère chrétienne, l'empereur Domitius, peu de temps avant sa mort, rendit un édit pour défendre d'y faire de nouvelles plantations, afin d'éviter que la famine ne s'emparât de ce vaste pays; il fit même arracher toutes celles des Gaules. Ce ne fut qu'environ 200 ans après que Probus permit aux Gaulois de les replanter.

De nos jours, la vigne est cultivée avec succès principalement en Italie, dans le midi de la France, en Espagne, en Hongrie, etc.; mais elle ne donne pas, dans ces différentes contrées, la même quantité ni la même qualité de fruits : ils varient suivant la température du climat, la nature et l'exposition du sol. Sous ces points de vue, la Grèce, l'Espagne, la France et l'Italie l'emportent sur tous les autres

toriens s'accordent à regarder Noé comme le premier qui a fait du vin, dans l'Illyrie; Saturne, dans la Crête; Bacchus, dans l'Inde; Osiris, en Egypte; Gérion, en Espagne. *Vid.* Chaptal, *Traité sur la culture de la vigne.*

pays. Fénelon, en parlant de l'Espagne, n'a pas craint de dire qu'aucune terre ne porte des raisins plus délicieux; et Fénelon, dans ses belles fictions du Télémaque, comme Homère dans ses poèmes, est presque toujours historien fidèle.

Le fruit de la vigne porte le nom de raisin. Ce fruit se compose d'une pellicule, qui est tantôt d'un blanc jaunâtre, tantôt d'un blanc verdâtre, et le plus souvent d'un violet noirâtre, plus ou moins foncé. C'est dans cette pellicule qu'existe la matière colorante du raisin: les acides colorent en rouge cette dernière couleur. Le grain du raisin se compose d'une espèce de pulpe contenant dans ses cellules une liqueur très-douce, qui entoure les semences de ce végétal.

Du moût de raisin.

C'est ainsi qu'on nomme la liqueur sucrée qu'on extrait du raisin par expression. Ce moût se compose de beaucoup d'eau, d'une quantité de sucre qui est relative à l'espèce de raisin, à la contrée où la vigne est cultivée, et à son exposition. Il contient aussi un peu de mucilage, une substance particulière très-soluble dans l'eau, de la gelée, du gluten, du tannin, du surtartrate de potasse, du tartrate de chaux, de l'hydrochlorate de soude, du sulfate de potasse.

Les moûts sont, avons-nous dit, plus ou moins riches en principes sucrés; nous devons dire aussi en principes constituans du ferment. Plusieurs chimistes ont pensé que le ferment existait tout formé dans le moût ; mais aucune expérience directe n'a pû l'isoler.

M. Thénard attribue la formation du ferment à une substance particulière du moût qui est très-soluble dans l'eau, laquelle, en s'unissant à l'oxigène de l'air, se transforme en ferment. Cette opinion, dit-il, est d'autant plus vraisemblable, que le moût laisse déposer du ferment pendant la fermentation même ; aussi le moût que l'on mute par le gaz acide sulfureux, l'oxide rouge de mercure, l'infusion de moutarde, etc., qui ont une action directe sur cette substance, ne fermente plus, si ce n'est par l'addition d'un nouveau ferment. La quantité de matière sucrée dans les moûts les plus pauvres n'est que de 9 à 11 à l'aréomètre.

J'ai pris, en 1822, dans le canton de Narbonne, le poids spécifique de plus de trois cents espèces de moût ; le terme moyen fut 14,85 degrés, et cette contrée est regardée comme celle qui, après le Roussillon, donne les vins les plus spiritueux de France.

Toutes les espèces de raisins, dans un même terroir, ne sont pas également riches en principe sucré ; elles offrent des variations qui vont jusqu'à trois degrés. J'ai également reconnu que certaines contiennent de plus grandes proportions de ferment (1) ; que la fermentation

(1) Pour éviter les répétitions, nous désignerons

est d'autant plus prompte, que ce dernier principe est plus abondant, et d'autant plus longue à s'établir et à être terminée, que la substance sucrée s'y trouve en plus grande quantité. L'expérience prouve que, dans le premier cas, les vins ont fermenté en deux ou trois jours, tandis qu'il en est, dans le Roussillon, en Espagne, etc., qui ne sont convertis en vin qu'au bout de quelques mois; encore même ces vins sont doux ou liquoreux pendant plus d'un an: on dirait que le sucre leur sert de condîment; mais, en revanche, lorsque la fermentation est terminée, ils sont très-riches en alcool.

Tous ces détails paraîtront, à bien des gens, étrangers à l'art du vinaigrier; mais, ainsi que les suivans, ils s'y rattachent d'une manière plus intime qu'on ne croit: ce sont, à proprement parler, les élémens théoriques de cet art, et c'est au moyen de la connaissance de ces principes, que l'artiste, repoussant les entraves de la routine, peut espérer de marcher d'une manière assurée dans la voie du perfectionnement. La fabrication du vinaigre a trop de rapport avec celle du vin pour ne pas exposer ici la théorie de la fermentation vineuse, et, par suite, de celle de la formation du vin.

par le nom de ferment les principes qui coopèrent à la fermentation.

De la fermentation vineuse ou alcoolique.

Les anciens philosophes, les chimistes du moyen âge, etc., avaient reconnu que les matières végétales privées de la vie éprouvaient des altérations spontanées qui changeaient leur nature, et que les nouveaux produits étaient différens suivant la nature même de ces végétaux; ils donnèrent à ces altérations le nom de *fermentation*, et publièrent des hypothèses plus ou moins erronées sur leur théorie. Boerhaave fut le premier qui débrouilla ce chaos: ce médecin-chimiste établit trois sortes de fermentations: 1º la *fermentation spiritueuse*; 2º la *fermentation acéteuse*; 3º la *fermentation putride*. D'après sa théorie, la seconde de ces fermentations ne pouvait avoir lieu sans que la première ne se fût déjà manifestée; c'était, suivant lui, une série de mouvemens intestins, enchaînés l'un à l'autre par une même cause, et se succédant toutes les trois dans l'ordre ci-dessus établi. M. Fourcroy admit cinq fermentations: la *saccharine*, la *vineuse*, l'*acide*, la *colorante*, la *putride*; lesquelles se suivaient suivant le rang que nous venons de leur assigner.

La *fermentation saccharine* a lieu toutes les fois qu'il se développe une matière sucrée dans une substance abandonnée à elle-même, comme lors de la maturité de certains fruits; la deuxième, quand les liqueurs sucrées se décomposent spontanément et se convertissent en alcool; la troisième, quand les liqueurs alcooliques passent à l'état d'acide acétique; la quatrième, quand il se produit une substance colorante; et la cinquième, lorsque la putréfaction s'établit. Nous ne nous occuperons dans cet ouvrage que de la seconde et de la troisième.

Il est un fait bien démontré; c'est que les substances sucrées, dissoutes dans l'eau, unies au ferment, se convertissent bientôt en alcool lorsqu'elles sont exposées à une douce température, qui doit être de 15 à 30°. Dès le moment que la fermentation commence à s'établir, la matière sucrée se décompose peu à peu, la liqueur se trouble; il se produit du gaz acide carbonique, qui entraîne avec lui des parties de ferment, qui viennent nager à la surface sous forme d'une écume qui retombe au fond de la liqueur, et est de nouveau entraînée par le gaz acide carbonique, etc. Ce mouvement tumultueux diminue dans un temps plus ou moins long; la liqueur s'éclaircit peu à peu, prend une odeur et une saveur vineuses; et, lorsque le dégagement des bulbes de gaz acide carbonique cesse, et que le liquide est devenu clair et d'un poids spécifique moindre que celui de l'eau, on reconnaît que la plus grande partie du sucre est convertie en alcool. Après cette fermentation, il existe encore dans le vin, ou, si l'on veut, la liqueur vineuse, une quantité plus ou moins grande de sucre qui a échappé à cette décomposition, et qui ne l'éprouve que

dans un temps plus ou moins long, suivant qu'elle est plus ou moins abondante ; c'est ce que l'on appelle la fermentation secondaire. L'expérience a démontré qu'il est des vins dans lesquels elle ne se termine qu'au bout de plusieurs années ; aussi ces vins sont-ils très-généreux ou alcooliques.

La quantité d'acide carbonique qui se produit n'est pas en raison directe de la quantité de principe sucré, mais bien des proportions relatives de sucre et de ferment qui existent dans les diverses espèces de moût ; ainsi, il en est qui produisent des quantités doubles de cet acide. Dans un Mémoire sur la fermentation vineuse, que je lus à l'Académie royale des Sciences, en 1823, je démontrai que

litres de moût		marquant	donnaient lit. acid. carb.
12	de piquepouil .	13° , .	28
Id.	de banquette. .	13° . .	33,7
Id.	de piquepouil noir.	16° . .	30,
Id.	de caragnane. .	14° , .	15,
Id.	de grenache. .	15° . .	28,5

En général, les raisins blancs en produisent beaucoup plus que les noirs.

La fermentation vineuse a été de temps immémorial livrée à des mains inexpérimentées ; ce n'est que vers la fin du dix-huitième siècle que la chimie commença à l'éclairer de son flambeau, et c'est aux travaux des Fabroni, des Legentil, des Chaptal, des Dandolo, etc., qu'elle doit les améliorations qu'elle a reçues. De mon côté, je crois avoir contribué à jeter un nouveau jour sur la vinification. Dans l'acte de la fermentation alcoolique, tout le ferment n'est pas décomposé ; en effet, il ne faut qu'une partie et demie de ferment sec pour l'alcoolisation de cent parties de sucre. L'acide carbonique qui se dégage entraîne avec lui de l'alcool aqueux, que j'ai trouvé marquant 14 à l'aréomètre. On a une preuve de cette vérité en plaçant sur une cuve hermétiquement couverte le chapiteau d'alambic conseillé par Mlle Gervais. Il suffit d'en ouvrir le robinet pour en obtenir cette liqueur alcoolique. C'est pour éviter cette déperdition et l'action de l'air sur le marc du raisin, qui en opère l'acidification, qu'il est fort avantageux de couvrir les cuves en laissant au couvercle une ouverture, avec une soupape, que le gaz tient ouverte tant qu'il se dégage, et que la pression extérieure de l'air fait refermer dès que ce dégagement vient à cesser.

Le célèbre Lavoisier prouva, par une expérience directe, que l'alcool était dû à la décomposition du sucre au moyen d'un ferment. Voici la manière dont opéra cet illustre chimiste ; il prit

Sucre. . 100 livres.
Eau, . . 400
Levûre de bière en pâte
  composée de l'eau. . . 7,3 onc. 6 gros. 44 grains.
  Et de levûre sèche. . 2,12 . . 1 . 28

Quand la fermentation fut établie, les nouveaux produits furent

	liv.	onc.	gros.	grains.
Eau.	408	15	5	14
Alcool.	57	11	1	53
Acide carbonique. .	35	5	4	19
Acide acétique. . .	2	8	»	»
Sucre non décomposé.	4	1	4	3
Levûre sèche. . . .	1	6	»	50

Si tout le sucre eût été décomposé, il y eût eu environ 60 livres d'alcool.

M. Gay-Lussac a donné, pour 100 livres de sucre,

Alcool. 51,34
Acide carbonique. 48,66
————
100,00

Lavoisier pense que, dans la fermentation vineuse, une portion du sucre est oxigénée aux dépens de l'autre; et celle-ci, plus hydrogénée, forme de l'alcool, tandis que l'autre se convertit en acide carbonique; ce qu'on explique de la manière suivante : le sucre, comme les substances en général, est composé de carbone, d'oxigène et d'hydrogène; or, dans sa décomposition, l'oxigène forme, avec une partie du carbone, de l'acide carbonique; et l'hydrogène, avec le restant du carbone, produit de l'alcool.

M. Gay-Lussac, dans sa théorie (1), suppose

(1) Lettre à M. Clément; *Annales de Chimie*, tom. XCV.

que le sucre est composé de 40 de carbone et de 60 d'eau où de ses élémens ; si l'on change ces poids en volume de chacun des principes constituans de ce corps, on obtient

3 volumes de vapeur de carbone.
3 volumes d'hydrogène.
3/2 volumes d'oxigène.

Et l'on sait que l'analyse a démontré que l'alcool est composé de

1 vol. d'hydrogène bi-carboné. $\begin{cases} 2 \text{ vol. de vapeur de} \\ \quad \text{carbone.} \\ 2 \text{ vol. d'hydrogène.} \end{cases}$

1 vol. de vapeur d'eau. . . . $\begin{cases} 1 \text{ vol. d'hydrogène.} \\ 1/2 \text{ vol. d'oxigène.} \end{cases}$

D'après ces élémens de composition, et en laissant de côté les faibles produits du ferment, pour ne considérer que l'alcool et l'acide carbonique, l'on trouve, en examinant la composition du sucre et celle de l'alcool, que, pour produire cette liqueur, il faut enlever au sucre un volume de vapeur de carbone et un volume d'oxigène, qui, en se combinant, produisent un volume de gaz acide carbonique, tandis que la combinaison de l'hydrogène et des autres parties des constituans du sucre produit l'alcool. D'après cette théorie et ce calcul, si l'on réduit les volumes en poids, 100 parties de sucre décomposées, par la fermentation, se changent

En alcool. 51,34
Acide carbonique. 48,66

Quelque séduisante et quelque probable que soit cette théorie, il reste encore à déterminer ce que devient l'azote du ferment, qu'on ne trouve ni mêlé à l'acide carbonique, ni comme principe constituant de la substance blanche qui se précipite et qui provient de la décomposition du ferment (1), ni de la petite quantité de cette substance très-soluble que l'on trouve dans le produit alcoolique; au reste, ce qu'il y a de bien certain, c'est que l'acide carbonique et l'alcool sont tous deux formés aux dépens du sucre.

Il se présente maintenant une grande question à résoudre. L'air est-il nécessaire à la fermentation? En faveur de cette opinion nous trouvons un savant dont le nom se rattache aux principales découvertes modernes. M. Gay-Lussac a écrasé, dans un tube plein de mercure et bien privé d'air, des grains de raisin; la fermentation n'a pu s'y établir qu'en y faisant passer une bulle de gaz oxigène. De mon côté, dans un Mémoire que j'ai lu à l'Académie royale des Sciences, sur la fermentation vineuse, j'ai annoncé qu'ayant rempli d'huile cinq bouteilles de quinze litres chacune, afin de priver les parois d'air, je les avais vidées et remplies de suite de moût, en le recouvrant d'une couche d'huile de six pouces, et que, malgré

(1) M. Thénard croit que cette substance provient de l'orge qui a fourni le ferment, et qu'elle se rapproche beaucoup de l'hordéine.

que j'eusse ainsi intercepté le contact de l'air, la fermentation ne s'était pas moins établie deux jours après. Ce fait me porte à croire que la présence de l'air, pour que la fermentation ait lieu, pourrait ne pas être d'une nécessité absolue, ou bien qu'il suffit d'une bien faible quantité pour opérer cet effet. Dans tous les cas, et d'après les calculs et la théorie même de M. Gay-Lussac, aucun des élémens de ce fluide élastique n'entre pour rien dans la formation de l'alcool et de l'acide carbonique, qui sont entièrement dus au sucre; de plus, il a reconnu lui-même (1) que le sucre et l'orge fermentaient très-bien sans le contact de l'air; d'où il est aisé de conclure que la quantité de ce produit doit être en raison directe de celle de la matière sucrée.

De même que le moût de raisin, les diverses substances végétales sucrées sont susceptibles de passer à la fermentation vineuse, avec ou sans addition de ferment. Ainsi, le suc de pommes donne le *cidre;* celui de poires, le *poiré;* la matière sucrée développée dans l'orge fermentée et grillée, la *bière;* le miel et la mélasse, étendus d'eau tiède avec suffisante quantité de ferment, une liqueur alcoolique plus ou moins forte, etc.

(1) *Annales de Chimie,* tom. LXXVI.

CHAPITRE DEUXIÈME.

DE LA FERMENTATION ACÉTIQUE OU ACIDE.

RIGOUREUSEMENT parlant, on pourrait régarder la fermentation acide comme la transformation des liqueurs vineuses en acide acétique. Dans la fermentation vineuse, si l'air joue quelque rôle, il est d'une bien faible importance, ainsi que je l'ai démontré. Il n'en est pas de même dans la fermentation acide; elle ne saurait s'établir sans la présence de ce fluide élastique.

Les circonstances sans lesquelles cette fermentation ne peut avoir lieu, et celles qui la favorisent, sont :

1º Le contact de l'air avec la liqueur : cette circonstance est d'une rigueur absolue, quoique Becker, Stahl et Lepechin aient annoncé (1) qu'ils avaient converti du vin en vinaigre en le scellant hermétiquement dans une bouteille, et le tenant exposé à une douce chaleur, mais que cette conversion fut longue et le vinaigre très-fort. Il est facile de se rendre compte de

_____

(1) Becker, *Physiq. souter.*, liv. 1, sect. 5. Demachy, *Art du Vinaigrier*, note de la page 6. *Specimen de acetificatione*, par Lepechin.

cette acétification : l'air du goulot de la bouteille, et sans doute la porosité du bouchon, qui permit l'entrée de l'air extérieur, durent la déterminer. MM. Struve et Bertrand, dans les notes qu'ils ont ajoutées à l'Art du Vinaigrier de M. Demachy, ont avancé que la chaleur seule suffisait, sans l'accès de l'air, pour changer le vin en vinaigre. De pareilles assertions, si contraires à l'expérience, auraient besoin, pour obtenir quelque crédit, d'être appuyées sur des preuves incontestables, et ces messieurs n'en fournissent aucune. Quoique l'observation journalière et la théorie de l'acétification, si bien étudiée par les chimistes modernes, fussent plus que suffisantes pour réfuter une telle erreur, j'ai cru cependant la combattre par une expérience directe. J'ai tenu, pendant plus d'un an, du vin dans le vide, sous le récipient de la machine pneumatique, sans avoir aperçu les moindres traces d'acidification (1). Pendant ce temps, il se passe un fait remarquable ; ce vin se décolore en partie, et dépose sur les parois du vase du surtartrate de potasse et de chaux uni à la partie colorante.

Quelle que soit l'utilité de l'air dans l'acte de la fermentation acétique, il ne faut pas cependant exposer la liqueur vineuse à un courant de ce fluide, parce qu'il volatiliserait un peu d'alcool. Mais il est une règle générale, c'est que plus le vin présente de surface à l'air, plus

(1) Voyez ma *Chimie médicale*, pag. 568.

l'acétification est prompte. On doit donc l'accé-
lérer en agitant de temps en temps la liqueur
fermentante avec l'air du vase (1). Nous ferons
connaître plus bas le rôle que joue l'air dans
cette opération.

2. Pour que la fermentation acétique s'éta-
blisse, il faut que le vin soit exposé à une
douce température, dont les deux extrêmes
sont de 10 à 30 degrés. M. Demachy croit que
la liqueur vineuse doit éprouver une chaleur
de 20 à 22 Réaumur pour être susceptible d'a-
cétification, et que cette chaleur ne doit point
dépasser 25. M. Demachy se trompe; cette élévation de température favorise, il est vrai, la
fermentation, mais elle est également susceptible de s'établir bien au-dessous de ce degré,
puisque, dans tout le midi de la France, les
lies des vins et les vins mal bouchés se convertissent en vinaigres dans les caves dont la température constante est de 10°. Au reste, cette
erreur de M. Demachy a été également partagée par M. Fourcroy. M. Lepechin dit que la
chaleur la plus convenable est celle de 23 de
Réaumur, et qu'au-dessus de 26 elle est nuisible,
puisqu'à celle de 39 R. il avait obtenu un vinaigre
qui, par le peu de goût qu'il avait, ne méritait

(1) Homberg et Boerhaave ayant exposé une bouteille de vin au mouvement de rotation d'une des
ailes d'un moulin à vent, ce vin se convertit en vinaigre au bout de quelque temps. Vid. *Hist. de
l'Acad. roy. des Scienc.* pour 1700.

pas ce nom. Nous attribuons cet effet à la vo-
latilisation d'une partie de l'alcool du vin, et,
d'après ce que l'expérience nous a démontré,
nous croyons que la température la plus favo-
rable à l'acétification du vin est celle de 20 à 30
centigrades. Cette élévation de température est
d'autant plus convenable à l'acétification, qu'il
suffit d'exposer à l'ardeur du soleil un baril
contenant un tiers de vin mêlé à un peu de bon
vinaigre, pour le convertir, en quelques jours,
en un vinaigre très-fort et très-aromatique.

3° La présence du ferment est aussi d'une
nécessité absolue; car de l'alcool étendu d'eau,
et se trouvant dans les circonstances précédentes, ne fermente jamais; si l'on y ajoute de
la levûre de bierre, ou tout autre ferment, il
se convertit en vinaigre. On ignore cependant
de quelle manière agit le ferment dans la conversion du vin en vinaigre, ni ce que devien-
nent tous les produits de la décomposition de ce
même ferment. Dès que la fermentation acétique
commence à s'établir, la liqueur se trouble, et
sa température s'élève le premier jour et se
porte de 35 à 40 cent.; elle diminue journellement, et prend le niveau de celle où s'opère la
fermentation. En même temps il se forme des
substances filamenteuses qui se meuvent en tous
les sens, et se déposent au fond du vase et sur
les parois en une masse glaireuse qui entraîne
une partie de la matière colorante unie à du
surtartrate de potasse et de chaux. Tant que
dure l'opération, il y a production et dégage-

ment de gaz acide carbonique. La liqueur s'éclaircit peu à peu, perd son odeur vineuse et sa saveur, pour acquérir le goût acide et l'odeur qui est particulière à l'acide acétique ou vinaigre ; c'est alors qu'on regarde le vinaigre comme fait. Mais c'est une erreur ; il existe encore dans ce produit une partie de l'alcool et du ferment qui ont échappé à la décomposition ; comme dans la fermentation vineuse, il s'opère une fermentation secondaire acide, qui est d'autant plus longue que le vin était plus spiritueux. Dans cette fermentation nouvelle, la décomposition de l'alcool continue ; et, en même temps qu'il se dégage du gaz acide carbonique, il se forme dans le vinaigre une substance membraneuse d'un blanc sale, ferme, translucide, élastique, et souvent d'autant plus volumineuse qu'elle occupe une partie de la capacité du vase. Cette substance est connue sous le nom de *mère du vinaigre*, et peut servir de ferment pour déterminer la fermentation acétique des liqueurs vineuses ou alcooliques. De même que la présence du sucre est indispensable pour produire de l'alcool, de même celle de cette liqueur est d'une nécessité absolue pour obtenir du vinaigre par la fermentation (1).

(1) Boerhaaye fut le premier à annoncer ce fait, qui se trouve maintenant combattu par quelques chimistes, qui s'appuient : 1° sur ce que les choux s'aigrissent dans l'eau ; 2° sur ce que l'amidon passe à l'aigre dans les eaux sûres des amidonniers ; mais on n'a pas encore rapporté des expériences assez

Stahl, l'un des chimistes du moyen âge qui a le mieux observé, et dont les brillantes erreurs ont été la source de plusieurs découvertes, fut un des premiers qui attribuèrent la forma- tion de l'acide acétique à la décomposition de l'esprit-de-vin; Venel, Spielman, etc., se sont prononcés presque aussi affirmativement, et cette opinion a été même celle de Boerhaave. Mais Venel et Spielman croyaient que le tar- tre ou le tartrate acidule de potasse y avait aussi quelque part. L'acidification des liqueurs vineuses, provenant de la fermentation du su- cre, démontre le contraire. Quelques-uns ont prétendu que l'acide carbonique pouvait être aussi converti en acide acétique. Ils ont cité, à l'appui de leur opinion, l'expérience de M. Chaptal, qui ayant fait dissoudre un vo- lume de gaz acide carbonique, dégagé de la bière en fermentation, dans un volume d'eau, et ayant tenu cette solution à la cuve à l'air libre, au bout de quelque temps le tout se trouva con- verti en vinaigre. Il est facile de répondre à cette objection; le gaz acide carbonique, qui se dégage des cuves en fermentation, entraîne

concluantes pour démontrer que la matière produc- trice du vinaigre de ces produits végétaux n'a pas subi une fermentation alcoolique très-rapide. Nous croyons donc plus prudent de suivre cet axiome de cet habile chimiste : Jouissons des travaux d'autrui, et, instruits par les erreurs des autres, prenons garde de ne nous en point laisser imposer par la fausse ap- parence du vrai.

avec lui une eau alcoolique qui marque 14° à l'aréomètre, comme je m'en suis convaincu au moyen de l'appareil de Mlle Gervais; et c'est à cet alcool, et non à l'acide carbonique, que doit être attribué l'acide acétique qui est produit. Lavoisier, qui a connu ce fait, pense que l'alcool et cet acide ont également concouru à la production du vinaigre. L'alcool, dit-il, fournit l'hydrogène et une portion du carbone; l'acide carbonique fournit du carbone et de l'oxigène; enfin, l'air de l'atmosphère doit fournir ce qui manque d'oxigène pour porter le mélange à l'état d'acide acéteux. Quoiqu'il y ait de la témérité à ne pas adopter l'opinion d'un aussi grand chimiste, nous croyons cependant ne pas devoir admettre cette théorie, parce qu'elle n'est pas conforme aux observations qui ont été recueillies depuis, ainsi que nous le démontrerons bientôt.

Glaser, Boerhaave, Stahl, Venel, Spielman, Carthaeuser, et presque tous les anciens chimistes, pensaient que le vin, en se transformant en vinaigre, absorbait de l'air. Lavoisier annonça, au contraire, qu'un seul principe de l'air, l'oxigène, était absorbé, et que, par conséquent, la fermentation acéteuse n'était autre chose que l'acidification du vin, opérée par l'absorption de l'oxigène atmosphérique (1), et qu'il ne fallait qu'ajouter de l'hydrogène à l'a-

---

(1) *Traité élémentaire de Chimie*, tom. I, p. 159 et 160.

cide carbonique pour le constituer acide acéteux. Cet illustre chimiste reconnaissait cependant qu'on n'avait pas encore d'expériences exactes pour se prononcer entièrement. Son opinion, sur l'absorption de l'oxigène par le vin, était partagée par presque tous les chimistes jusqu'à ce que M. de Saussure eut reconnu qu'en faisant acétifier du vin dans une quantité d'air connue, cet air contenait ensuite des proportions d'acide carbonique égales à celles de l'oxigène dont il se trouvait dépouillé. D'après ces faits, si contraires à la théorie de Lavoisier, il n'y aurait point d'oxigène absorbé dans la formation du vinaigre, mais bien du carbone enlevé à l'alcool. Or, s'il suffit d'enlever du carbone à l'alcool pour le convertir en vinaigre, dans l'expérience rapportée par M. Chaptal, l'alcool n'a nullement besoin du carbone de l'acide carbonique pour être transformé en vinaigre. Il est bon de faire observer que, d'après l'expérience de M. de Saussure, la liqueur vineuse n'absorberait pas un atome de l'oxigène de l'air, puisqu'il se forme et se dégage un volume de gaz acide carbonique, égal à celui de l'oxigène dont l'air est dépouillé, et que, d'après les analyses les plus exactes, un volume d'acide carbonique est composé d'un volume de gaz oxigène et d'un volume de vapeur de carbone condensés en un volume. Nous avons déjà dit que le vinaigre contenait une quantité d'alcool plus ou moins forte qui avait échappé à l'acétification; nou

avec lui une eau alcoolique qui marque 14° à l'aréomètre, comme je m'en suis convaincu au moyen de l'appareil de Mlle Gervais; et c'est à cet alcool, et non à l'acide carbonique, que doit être attribué l'acide acétique qui est produit. Lavoisier, qui a connu ce fait, pense que l'alcool et cet acide ont également concouru à la production du vinaigre. L'alcool, dit-il, fournit l'hydrogène et une portion du carbone; l'acide carbonique fournit du carbone et de l'oxigène; enfin, l'air de l'atmosphère doit fournir ce qui manque d'oxigène pour porter le mélange à l'état d'acide acéteux. Quoiqu'il y ait de la témérité à ne pas adopter l'opinion d'un aussi grand chimiste, nous croyons cependant ne pas devoir admettre cette théorie, parce qu'elle n'est pas conforme aux observations qui ont été recueillies depuis, ainsi que nous le démontrerons bientôt.

Glaser, Boerhaave, Stahl, Venel, Spielman, Carthaeuser, et presque tous les anciens chimistes, pensaient que le vin, en se transformant en vinaigre, absorbait de l'air. Lavoisier annonça, au contraire, qu'un seul principe de l'air, l'oxigène, était absorbé, et que, par conséquent, la fermentation acéteuse n'était autre chose que l'acidification du vin, opérée par l'absorption de l'oxigène atmosphérique (1), et qu'il ne fallait qu'ajouter de l'hydrogène à l'a-

(1) *Traité élémentaire de Chimie*, tom. I, p. 159 et 160.

Je crois pouvoir conclure de ces faits que le vinaigre ne contient point de l'alcool, mais de l'éther acétique qui se forme pendant la fermentation acide, lequel éther peut aussi se convertir en vinaigre. Ce qui prouve encore que cet éther n'est pas le produit de l'action du calorique, c'est que, de même que M. Derosnes (1), je l'ai trouvé dans le marc des raisins qui, recouvrant la masse en fermentation, s'est acétifié par le contact de l'air.

CHAPITRE TROISIÈME.

DE L'ACIDE ACÉTIQUE.

C'est sous ce nom qu'est connu le vinaigre concentré. Les auteurs de la nouvelle nomenclature chimique lui avaient donné le nom d'acide acéteux ou vinaigre, et celui d'acide acétique à celui qui était plus concentré, et que M. Berthollet croyait plus oxigéné que le premier. Un jeune pharmacien du Val-de-Grâce, M. Pérès, fut le premier à attaquer cette théorie; il annonça que l'acide acéteux contenait plus de carbone que d'acide acétique; ou, si l'on veut, que l'acide acétique con-

(1) *Annales de Chimie,* tom. LXVIII.

centré n'était que de l'acide acéteux dépouillé de la plus grande partie de son carbone. (Vid. *Journal de la Société des pharmaciens de Paris*, page 245.) Bientôt après M. Adet conclut d'un grand nombre d'expériences que la différence qui existait entre ces deux acides dépendait de l'état de concentration du dernier, et par conséquent d'une quantité d'eau moindre que celle du premier. Un mois après, M. Chaptal lut un travail à la Société philomathique, sur les différences qui existaient entre ce qu'on appelait acide acéteux et acide acétique, et soutint l'opinion déjà émise par M. Pérès, qui la revendiqua, que l'acide acéteux ne devient acide acétique qu'en se décarbonisant. Fourcroy paraît avoir adopté aussi cette opinion, en rentrant cependant dans celle de M. Berthollet. On peut, dit-il (1), considérer l'acide ainsi décarbonisé comme un acide plus oxigéné que l'acéteux, puisque la proportion de l'acidifiant y est en effet augmentée par la diminution de celle du carbone, et qu'ainsi le nom d'acide acétique doit lui être conservé. De nos jours, les diverses expériences auxquelles on s'est livré ont démontré 1° l'identité de ces deux acides annoncée par M. Adet et confirmée par M. Darracq; 2° qu'il n'existait d'autre différence entre eux que la plus grande quantité d'eau que contenait celui qu'on appelait acide acéteux. Il résulte de cette connaissance que le

_____

(1) *Système des conn. chim.*, tom. VIII.

nom d'acide acéteux n'existe plus, et qu'on lui a substitué celui d'acide acétique, auquel on ajoute l'épithète de *concentré* ou d'*affaibli*, suivant l'eau qu'il contient.

Propriétés de l'acide acétique.

L'acide acétique ou vinaigre concentré était connu, avant la nouvelle nomenclature chimique, sous le nom de *vinaigre radical*; il est liquide, incolore, très-clair, d'une odeur très-forte *sui generis*, d'une saveur très-acide et caustique, rougissant les couleurs bleues végétales, inflammable, entrant en ébullition au-dessus de 100°, attirant l'humidité de l'air, se dissolvant dans l'eau et l'alcool, et exerçant une grande action désorganisatrice sur les substances animales, dissolvant le camphre, les résines, les gommes-résines, et les huiles volatiles. L'acide acétique le plus pur qu'on ait encore pu obtenir se prend en une masse cristalline représentant des tables rhomboïdales alongées, à la température de + 13° cent.; une forte pression peut opérer le même effet. M. Perkins ayant soumis du vinaigre de M. Mollerat, contenant 0,90 d'acide réel, et 0,10 d'eau, à une pression de 11 atmosphères, obtint les 7/8 supérieurs en cristaux d'acide acétique pur et très-fort; la partie inférieure était de l'eau acidulée. Le poids spécifique de cet acide le plus concentré est 1,063; dans cet état, il contient

14,78 centièmes d'eau qui sont nécessaires à son existence. L'acide acétique, qui provient de la distillation du vinaigre, ne contient que 0,15 d'acide ; aussi plusieurs de ses propriétés sont modifiées, comme nous le dirons en parlant du vinaigre. Il est un fait bien remarquable, c'est que quand on unit cet acide avec diverses proportions d'eau, les poids spécifiques de ces mélanges ne s'accordent pas avec les proportions de chacun de ces corps : en effet, unis à l'eau dans le rapport de 100 d'acide acétique le plus concentré sur 112,2 d'eau, le poids spécifique reste le même ; seulement l'acide ne se congèle point, même à plusieurs degrés au-dessous de 0 (1). Si cette quantité d'eau est moindre, la densité de cet acide augmente ; à son maximum, elle est de 1,080 ; alors il contient un peu plus du tiers d'eau en poids. M. Mollerat, auquel on doit les connaissances les plus précieuses sur la fabrication du vinaigre de

(1) Il est bon de faire observer ici que, dans le commerce, on court les plus grands risques d'être trompé, en mesurant le degré de force d'un vinaigre concentré par l'acétomètre, puisque celui qui est le plus concentré donne le même poids spécifique que celui qui contient 112 parties d'eau, et que, lorsqu'il contient moins de ce liquide, le poids spécifique augmente. Le meilleur moyen pour reconnaître la force des vinaigres, c'est la quantité de soude cristallisée qu'ils neutralisent, ainsi que nous le dirons ailleurs.

bois, s'est livré, à ce sujet, à un travail fort intéressant, duquel il résulte que

100 parties d'acide acétique et	14,78	d'eau, pèsent	1,0630
100	25,21	. . .	1,0742
100	52,54	. . .	1,0800
100	59,38	. . .	1,0763
100	71,90	. . .	1,0742
100	112,	. . .	1,0630
100	116,25	. . .	1,0658
100	166,34	. . .	1,0630

L'acide acétique passe à la distillation sans se décomposer; dans un tube rouge, il l'est même difficilement; il dissout le cuivre, l'étain, le fer, le zinc, etc.: il forme, avec les oxides et les bases salifiables, des sels dont la plupart sont employés dans les arts en médecine.

Parmi les premiers on compte :

L'*acétate de cuivre* ou cristaux de Vénus; verdet cristallisé, pour la peinture, etc. (violent poison).

Le *sous-acétate de cuivre*, vert-de-gris; pour la peinture, la fabrication du précédent (poison violent).

L'*acétate de fer;* dans les manufactures de toiles peintes, etc., comme base des couleurs noires, pour les couleurs rouille, etc.

L'*acétate d'alumine;* pour fixer les couleurs sur les indiennes.

L'*acétate de plomb*, sel ou sucre de Saturne, très-usité dans la teinture (poison violent).

Parmi les seconds, nous rangerons :

L'*acétate d'ammoniaque*, ou bien *esprit-de-Mindererus*; employé en médecine comme antispasmodique et sudorifique, et de nos jours, à la dose de douze à quinze gouttes, dans un verre d'eau, pour dissiper l'ivresse.

L'*acétate de potasse*; terre foliée de tartre, employé comme diurétique et fondant.

L'*acétate de soude*; pour préparer le vinaigre obtenu par la combustion du bois.

Sous-acétate de plomb, ou *extrait de Saturne*; à l'extérieur et étendu d'eau comme astringent dessiccatif, cicatrisant, etc. On emploie aux mêmes usages l'acétate de plomb; on le donne aussi à petite dose à l'intérieur (c'est un violent poison).

Acétate de mercure ; fait partie des dragées antisiphilitique de Keyser, et remplace souvent le nitrate de sa base dans la composition du sirop de Belet.

Composition de l'acide acétique tel qu'il existe dans les acétates desséchés.

1º D'après MM. Gay-Lussac et Thénard.

Carbone. .	50,224
Oxigène. .	44,147
Hydrogène.	5,629
	100,000

ou de

Carbone.	5o,224
Oxigène et hydrogène, dans les proportions nécessaires pour faire de l'eau.	46,911
Oxigène.	2,865
	100,000

En volume :

Gaz oxigène. . . .	3 volumes.
Gaz hydrogène. . .	6
Vapeur de carbone.	4

2° D'après M. Berzélius :

Carbone. . .	46,83
Oxigène. . .	46,82
Hydrogène. .	6,35
	100,00

Préparation de l'acide acétique.

Comme dans les ouvrages destinés aux progrès et à l'étude des arts on doit constamment procéder du connu à l'inconnu, nous allons suivre ici cette marche; nous traiterons donc de l'acide acétique, après avoir parlé du vinaigre. Nous nous bornerons à dire, en ce moment, que l'acide acétique est l'acide végétal qu'on trouve le plus fréquemment dans la nature, et que l'art produit le plus facilement. Il existe, en effet, soit libre, soit à l'état d'acétate de potasse, dans la sève de presque tous les végétaux; on

...I

le rencontre aussi dans le lait, même le plus récent, dans la sueur et l'urine humaines, dans les produits de la putréfaction, dans l'estomac, lors des mauvaises digestions, dans la décomposition des substances végétales et animales par le feu, etc.

DEUXIÈME PARTIE.

DU VINAIGRE,

DE SES DIFFÉRENTES ESPÈCES, ET DE LEURS DIVERS MODES DE PRÉPARATION.

La découverte du vinaigre dut nécessairement accompagner celle du vin; la nature fit tous les frais de sa fabrication; un vase contenant du vin, qui fut mal bouché ou qu'on laissa ouvert ou à moitié rempli, présenta une nouvelle liqueur odorante et d'une saveur nouvelle qu'on ne tarda pas à appliquer à l'économie domestique : telle est l'origine du vinaigre.

Mais lorsque la civilisation plus avancée donna une nouvelle impulsion aux arts, la préparation du vinaigre devint un art particulier, ainsi que nous l'avons démontré dans l'Introduction de cet ouvrage. Cependant, tous les vinaigres n'étaient pas égaux en bonté; ce que l'on attribuait à de prétendus secrets qu'avait chaque fabricant, et qu'on appelait *Secret des vinaigriers*. Rien de plus simple cependant que la fabrication du vinaigre, ainsi que nous l'avons démontré dans le chapitre où nous avons traité de l'acide acétique. Tout le *secret* consiste à employer de bons vins, c'est-à-dire des vins très-spiritueux, car le vinaigre est d'autant plus fort, que le vin d'où il provient est plus riche en alcool. De là vient que les vinaigres fabriqués dans divers lieux ne sont pas d'une égale bonté. Ainsi ceux qui proviendront des vins du Roussillon seront plus forts que ceux de Narbonne ; ceux-ci, plus que celui de Montpellier ; ceux de Montpellier, plus que ceux d'Orléans ; ceux d'Orléans, beaucoup plus que ceux de Bordeaux, Surenne, etc. Nous avons déjà exposé la théorie de la fermentation acétique ; nous n'y reviendrons donc point, mais nous ferons ici quelques applications des principes que nous avons posés.

On doit se rappeler d'abord que nous avons dit que les moûts les plus riches en matière sucrée étaient les plus longs à se vinifier complètement, mais aussi qu'ils étaient les plus spiritueux ; tandis que ceux qui étaient peu riches en sucre, mais chargés de ferment, se changeaient plus vite en vin, mais étaient moins alcooliques. Il est aisé d'établir ainsi la différence d'acidité de vinaigre que les vins produiront. En effet, les uns seront convertis promptement en un vinaigre faible, et les autres seront plus ou moins longs à l'être. En effet, il est des vins du Roussillon et d'Espagne qui restent plusieurs mois débouchés sans s'acidifier.

Nous en avons vu à Perpignan, avec M. Ber-thollet, une bouteille, à moitié pleine et débou-chée depuis plus de trois mois, qui était déli-cieux. Pour convertir ces vins en vinaigres, il faut y ajouter plus ou moins d'eau chaude dans laquelle on a délayé de la levûre de bière. Dans les vins, au contraire, pauvres en matière sucrée, on peut y ajouter de la mélasse ou bien du sirop de raisin, ou de l'alcool, pour en ob-tenir un vinaigre qui sera d'autant plus fort qu'on y aura ajouté beaucoup plus de matière sucrée ou de l'eau-de-vie. Stahl fut un des pre-miers à attribuer la formation du vinaigre à la décomposition de l'alcool; et Venel, Carthaeu-ser, Spielman, etc., mirent à profit cette con-naissance en conseillant d'ajouter de l'alcool au vin que l'on voulait acétifier, afin de le ren-dre plus fort. Depuis, plusieurs chimistes mo-dernes, assez connus pour n'avoir pas besoin d'être cités, se sont approprié cette idée.

Vers la fin du dix-huitième siècle, la culture de la vigne n'était pas aussi étendue qu'elle l'est de nos jours, et la distillation du vin était encore dans son enfance. Aussi en distil-lait-on fort peu : c'était presque toujours des lies de vin ou des vins gâtés que l'on conver-tissait en eau-de-vie ou en vinaigre. On était imbu de cette fausse idée qu'il fallait des vins gâtés pour obtenir de bons vinaigres. Si les fabriques d'Orléans l'emportaient sur celles de Paris, c'est que ceux qui se trouvaient placés à leur tête n'ignoraient point combien cette opinion était erronée; ajoutons à cela qu'ils étaient favorisés naturellement par la bonté de leurs vins. A Paris, et dans divers autres lieux, on achetait des vins qu'on choisissait d'autant plus détériorés qu'ils les obtenaient à de plus bas prix. Il existait encore un autre préjugé généralement répandu; c'est qu'on croyait que les vins nouveaux donnaient beaucoup plus de vinaigre que les vins vieux. Cette erreur est d'autant plus grande que nous avons vu que les vins éprouvaient une fermentation secondaire plus ou moins longue. Nous avons vu à Perpignan des fabricans de vinaigre recueillir soigneusement le résidu de la distillation des vins nouveaux, et en préparer du vinaigre, comme nous le ferons connaître bientôt. Un autre fait, que nous avons déjà annoncé, c'est que le vinaigre subit aussi une fermentation secondaire, et qu'il donne d'autant moins d'éther acétique et d'autant plus d'acide, qu'il est plus vieux, pourvu qu'on ait le soin de le tenir bien bouché.

Il est un fait bien reconnu, c'est que le vinaigre est la transformation de l'alcool en un acide, par la perte d'une partie de son carbone; lequel vinaigre est de l'acide acétique étendu plus ou moins d'eau, et contenant une matière colorante, un mucilage, du surtartrate de potasse, du sulfate de potasse, plus ou moins d'éther acétique.

En dépouillant le vinaigre de ces corps étrangers, on le convertit en acide acétique très-fort.

La bonne fabrication du vinaigre repose donc sur quatre faits principaux :

1º Une liqueur très-alcoolique ;

2º Suffisante quantité de ferment (1) ;

3º Une température de 20 à 30 ;

4º La liqueur présentant une grande surface à l'air et se trouvant constamment en contact avec lui : voilà tout le secret des vinaigriers. Cependant, comme il est des gens qui tiennent aux vieilles routines, et qui regarderaient cet ouvrage comme incomplet si je ne retraçais pas les anciens procédés usités pour la fabrication du naigre, je vais reproduire ici les principaux, en commençant par celui de Boerhaave, d'où paraissent dériver tous les autres ; quoiqu'il y en ait cependant qu'on ait exécutés empiriquement bien avant lui.

(1) On peut employer comme ferment une foule de substances, telles que les lies des vins acides, celles que déposent le vinaigre, la *mère des vinaigriers* qu'il produit, la levûre de bière, le levain des boulangers aigri, le marc et les rafles du raisin, les jeunes pousses des vignes, les débris animaux et végétaux, les excrémens, etc. Parmi ces fermens, il en est, comme ceux qui appartiennent aux substances animales, qui, en se putréfiant, peuvent rendre le vinaigre de mauvaise qualité.

CHAPITRE PREMIER.

FABRICATION DU VINAIGRE.

Méthode de Boerhaave.

CE médecin-chimiste conseille de placer, dans un local convenablement disposé, deux cuves en bois de chêne, placées verticalement sur des supports qui aient environ un pied d'élévation au-dessus du sol ; à la distance d'un pied du fond de chacune on pose une grille en bois, sur laquelle on étend un lit de jeunes branches de vignes avec leurs feuilles, nouvellement coupées et peu pressées entre elles. On finit de les remplir avec des rafles, en ayant soin de laisser un pied de vide à la partie supérieure. Ces dispositions faites, on remplit de vin l'une de ces cuves en entier, et l'autre à moitié. Vers le deuxième ou le troisième jour, suivant la température du lieu et la qualité du moût, la fermentation commence à s'établir dans la cuve à moitié pleine ; quand elle est bien en train, ce qui a lieu dans environ vingt-quatre heures, on la remplit avec du vin de la cuve pleine, et chaque jour on remplit tour à tour celle qui est demeurée, par cette soustraction, à moitié pleine, avec une partie du vin de celle qui l'est entièrement. Par ce moyen, on transvase

journellement la moitié du contenu d'une cuve
dans l'autre, et l'on met ainsi la liqueur vineuse
en plus grand contact avec l'air jusqu'à ce que
l'acétification ait eu lieu. En été, en France,
en Italie ou en Espagne, la fermentation acétique première dure environ quinze jours.
Quand il fait très-chaud et que cette fermentation est bien établie, pour éviter la déperdition d'une partie de l'alcool, on couvre la cuve
à moitié pleine avec un couvercle mobile de
bois de chêne. Quand la température n'est pas
bien élevée, ou que le vin est très-riche en alcool, sa conversion en vinaigre est plus ou
moins longue. Glauber avait déjà recommandé
le transvasement du vin d'une cuve dans l'autre, mais il voulait qu'il n'eût lieu que lorsque l'on sentait que le marc s'était suffisamment échauffé dans la cuve à moitié pleine.

Méthode flamande.

Cette méthode est, à proprement parler,
celle que Glauber (1) a proposée : elle diffère
bien peu de celle de Boerhaave, ainsi que l'on
va en juger. On dispose, sur des supports d'un
pied et demi au-dessus du sol, des barriques
d'environ un muid de contenance chacune, dans
lesquelles on place un double fond volant, au
tiers de la hauteur des barriques ; sur le double fond, qui est percé d'un grand nombre de

(1) *Opera chimica*, tom. I.

trous, on met du marc et des lies de raisin, des plantes âcres, telles que le raifort, la moutarde, la roquette, etc.; on remplit ensuite ces tonneaux de vin. Le lendemain, on le soutire, au moyen d'un robinet placé à la partie inférieure du tonneau, dans une futaille vide, et on le verse de nouveau dans celle qui est destinée à l'acétification : on répète cette opération deux fois par jour, jusqu'à ce que le vin soit louché et bien acidifié ; on le transvase alors dans un autre tonneau pour le laisser déposer. Pour hâter sa clarification, on y introduit des *râpés* (c'est ainsi qu'on nomme les larges copeaux de hêtre.) qui accélèrent la fermentation et favorisent la séparation des lies. Les vinaigriers donnent la préférence aux copeaux qui ont déjà été employés à clarifier le vin (1), et surtout à ceux dont on a fait ce même emploi pour le vinaigre. Cette préférence n'est pas indifférente : ces *râpés* se trouvent imprégnés de vin ou d'alcool, unis au tartre ou à d'autres substances fermentescibles; ils contribuent donc à favoriser l'acidification du vin, et par suite la clarification du vinaigre : c'est, pour ainsi dire, un nouveau ferment qu'on y ajoute.

(1) Les marchands de cidre et de vin, ainsi que ceux d'eau-de-vie en détail, clarifient ces liqueurs avec les copeaux de bois de hêtre; nous nous bornerons à dire qu'en suivant cette méthode, ces boissons acquièrent un goût de fût.

Méthode orléanaise.

Personne n'ignore que le vinaigre d'Orléans jouit, dans tout le nord de la France, d'une réputation méritée. Il était naturel de croire que ces fabricans possédaient un moyen de préparation supérieur à ceux des autres provinces de la France, et que ce moyen était un secret local. La théorie que nous avons exposée des fermentations vineuse et acétique, ainsi que la connaissance des principes constituans des moûts, des vins et du vinaigre, nous dispensent d'y croire. En effet, la bonté des vinaigres d'Orléans repose sur le bon choix des vins.

Nous avons déjà dit qu'ordinairement les fabricans de vinaigre achetaient, pour cette fabrication, les vins gâtés, parce qu'ils les obtenaient à plus bas prix. Ceux d'Orléans donnent la préférence aux bons vins; ils rejettent les vins moûtés ou soufrés, choisissent les plus clairs, et lorsqu'ils ne le sont point suffisamment, ils en opèrent la clarification au moyen des râpés. Leur atelier est aussi des plus simples; il se borne: 1° à un vaste cellier, dans lequel on dispose deux rangs de tonneaux dits à vinaigre, lesquels doivent être très-solides, bien cerclés en fer, et avoir, au lieu de bondon, une ouverture d'un pouce et demi de diamètre sur celui des fonds qui doit être placé en haut; 2° à quelques brocs très-légers, contenant environ dix pintes chacun. Lorsqu'on se propose d'établir une fabrique de vinaigre à Orléans, on commence par s'en procurer de très-bon; on en remplit à moitié ces futailles, on y ajoute un broc de bon vin à chacune. Au bout de huit jours on rafraîchit le vinaigre, c'est-à-dire qu'on y ajoute dix autres pintes de vin, et l'on continue de même, tous les huit jours, jusqu'à ce que le tonneau soit presque entièrement plein. Il est bon de faire observer que si l'on opère pendant les grandes chaleurs de l'été, on peut ajouter chaque fois deux brocs de vin, et que l'ouverture pratiquée au fond supérieur doit rester toujours ouverte, afin que l'accès de l'air y soit constant. Dès que tout le vin est ainsi acétifié, on soutire la moitié du vinaigre des barriques au moyen d'une trompe, et l'on recommence l'opération avec d'autre vin. Il est aisé de voir que cette méthode est extrêmement simple. Nous pensons qu'elle serait susceptible de quelques améliorations qui accéléreraient la conversion du vin en vinaigre. La première consiste à agrandir l'ouverture du fond et à la rendre deux fois plus grande; la seconde, à pousser de l'air dans les tonneaux, au moyen d'un bon soufflet et par cette ouverture. L'on n'ignore point, ainsi que M. de Saussure l'a démontré, qu'il se forme pendant l'acétification une quantité d'acide carbonique égale à celle de l'oxigène de l'air absorbé : or, comme ce gaz acide est beaucoup plus pesant que l'air, il forme une atmosphère plus dense à la surface de la liqueur qui intercepte le con-

tact de l'air et retarde par conséquent l'opération. Il est aisé de voir qu'en injectant de l'air
dans le tonneau et l'y comprimant, on doit
opérer le dégagement de ce même acide carbonique. Comme cette pratique n'offre rien de
difficile ni de dispendieux, nous la recomman-
dons à MM. les vinaigriers.

Vinaigre de ménage.

Nous avons déjà dit que la nature avait fait
tous les premiers frais de la fabrication du vinaigre; car, outre que le vin mal bouché ou
peu soigneusement conservé se convertit en vinaigre, l'on voit le marc de raisin, qui est à
la partie supérieure des cuves en fermentation non couvertes, totalement acidifié. Le vinaigre qu'on en extrait par la presse sert aux
besoins domestiques. Outre cela, les agricul-
teurs, les propriétaires des vignes, ainsi que
tous ceux qui ont des caves, ont plusieurs barils
d'environ quatre-vingts à cent litres, dans lesquels ils déposent les vins des lies qu'ils ont
bien laissé déposer; ils y ajoutent les restes des
vins des bouteilles, celles qui ont tourné à l'aigre, en un mot tous les vins impropres à la
boisson. Ils n'observent sur ce point aucune
règle; ils soutirent du vinaigre toutes les fois
qu'ils en ont besoin, et, quoique leurs caves
soient constamment à + 10°, le vinaigre ainsi
obtenu est très-fort; c'est le seul, avec celui
du marc de raisin aigri, dont nous avons déjà

parlé, dont on se serve en Espagne et dans tout le midi de la France, où il n'existe aucune fabrique de vinaigre. La raison en est simple; on obtient ainsi du vinaigre plus qu'il n'en faut pour la consommation locale, puisqu'on en exporte dans les départemens voisins, surtout de celui de Narbonne et du Roussillon. D'ailleurs, on trouve beaucoup plus de profit à distiller les mauvais vins pour en extraire l'alcool que de les convertir en vinaigre, attendu que le prix en est bien inférieur à celui du vin, et par conséquent à celui de l'eau-de-vie. Dans certains ménages, on trouve des barils de vinaigre qui sont ainsi rafraîchis annuellement par un peu de vin, et qui ont vu plusieurs générations. Ces vinaigres ont perdu une grande partie de leur principe colorant, et sont devenus très-odorans et très-forts.

Méthode du Nord.

Le procédé suivi dans plusieurs villes du Nord est très-simple; il consiste à faire construire des tonneaux longs dont la circonférence décroît jusqu'à chacune des extrémités, lesquelles forment une espèce de cône tronqué (1). Ces tonneaux ont une capacité qui est depuis soixante jusqu'à cent pintes. On les place sur deux poutres parallèles, qui sont unies ensemble par de fortes traverses, et

(1) On donne à ces tonneaux le nom de flûtes.

sont creusées de manière à décrire un quart de cercle (1). On place une de ces barriques sur chacun de ces appareils; on la remplit aux trois quarts avec deux parties du vin et une de vinaigre (2); on bouche la barrique, on la tire devers soi de manière à la porter à l'une des extrémités de l'appareil, on la lâche avec force, et soudain elle roule d'une extrémité à l'autre, et finit par se fixer à l'endroit le plus bas; on la reprend ainsi plusieurs fois de suite, et l'on répète cette opération trois ou quatre fois chaque vingt-quatre heures, pendant cinq à six jours. Au bout de ce temps, on laisse les flûtes en repos pendant autant de temps, et l'on en extrait les deux tiers du vinaigre, que l'on conserve dans de petits barils.

Non-seulement nous ne partageons point l'opinion de M. Demachy (3), qui pense que le mouvement seul suffit pour convertir le vin en vinaigre, mais nous croyons qu'il serait très-avantageux, avant de rouler les tonneaux, de chasser l'acide carbonique qui recouvre la liqueur, en y injectant de l'air, ainsi que nous l'avons déjà recommandé. Personne n'ignore qu'en agitant fortement un vase, aux trois-quarts plein d'un liquide, on favorise

(1) Cette espèce d'appareil a de six à huit pieds de longueur.
(2) Bien des gens y ajoutent des substances stimulantes, etc.
(3) *Art du Vinaigrier*, pag. 15.

le dégagement du gaz que peut contenir ce
liquide et celui de l'air contenu dans le vase,
ainsi qu'on en a une preuve en débouchant
ce vase, et quelquefois par la force avec laquelle sa force expansible chasse le bouchon;
c'est précisément ce qui arrive lorsqu'on roule
la barrique aux trois quarts pleine. Aussitôt
qu'on enlève le bouchon, une partie de l'a-
cide carbonique sort avec force et est soudain remplacé par une égale quantité d'air.

Méthode espagnole.

En Espagne, comme dans le midi de la
France, on extrait le vinaigre du marc de raisin
acidifié, ou bien on réunit, dans les barils contenant du vinaigre, les restes des vins détériorés. Dans les ménages, on soutire le vinaigre
des barils au fur et à mesure qu'on en a besoin, et l'on verse dans le baril une égale
quantité d'eau chaude avec des poivrons, du
poivre et autres ingrédiens stimulans qui donnent du piquant à ce vinaigre, quoiqu'il soit
d'ailleurs très-affaibli.

Méthode parisienne.

La manière de fabriquer le vinaigre à Paris
était une des plus défectueuses, attendu que les
vinaigriers, au lieu d'employer de bons vins
pour cette fabrication, n'achetaient que les plus
détériorés ou les plus inférieurs, à cause du

bas prix auquel ils les obtenaient. On employait des barriques à double fond, telles que nous les avons indiquées pour la méthode flamande; sur ce double fond on mettait des substances âcres, et l'on y versait principalement du vin des lies. Aussitôt que le vin devenait trouble, les vinaigriers y ajoutaient une quantité de *pain des vinaigriers* (1) relative à la saveur plus ou moins forte du vinaigre. Quand la liqueur était bien éclaircie, ils soutiraient le vinaigre.

Depuis que la culture de la vigne s'est beaucoup propagée en France, et que l'on s'est attaché à fabriquer le vinaigre de bois, la préparation du vinaigre à Paris a considérablement diminué; on n'y débite guère que celui qu'on y importe d'Orléans ou du Midi, ainsi que celui qui provient des fabriques d'acide pyroligneux.

Nous devons faire observer que le vinaigre produit par le vin des lies, quand il n'est pas concentré, est très-sujet à s'altérer; cela est si vrai, que le dépôt qu'il forme dans les tonneaux qui servent à sa fabrication acquiert

_____

(1) Le pain des vinaigriers est formé par le piment, le poivre-long, le blanc, le cubèbe et le gingembre; la dose était depuis demi-once jusqu'à une once par pinte. Comme le vinaigre était très-sujet à s'altérer, on le débitait promptement. Il est aisé de voir que cet acide, ainsi préparé, doit nécessairement être très-irritant, échauffant, etc. En Allemagne on emploie aussi le pain des vinaigriers.

bientôt une si mauvaise odeur, que la police
avait prescrit aux vinaigriers de ne les nettoyer
que la nuit, et en employant une grande quantité d'eau.

Le procédé pour extraire le vin des lies consiste à les mettre dans des sacs, à les laisser
écouler, et à les exposer à la compression gra-
duée d'un pressoir ; on met ensuite ce vin dans
un vase, et on le décante lorsqu'il s'est éclairci.

Méthode française perfectionnée.

Nous venons d'exposer les principaux procédés suivis pour la fabrication du vinaigre ;
nous allons maintenant faire connaître les perfec-
tionnemens dont nous les croyons susceptibles,
en proposant une nouvelle méthode qui offre
ce que chacune des autres peut avoir d'avantageux.

On doit choisir d'abord un vaste local, bien
abrité, où l'on puisse loger commodément un
grand nombre de barriques, lesquelles doivent être grandes et munies d'une bonde d'environ un pouce et demi de diamètre ; elles
doivent être placées sur des poutres disposées
comme dans la méthode du Nord, sans avoir
besoin cependant que ces barriques soient
plus longues que celles que l'on construit ordinairement (1). On les arrange séparément sur

(1) Il faut autant que possible employer des futailles qui aient déjà servi à contenir du vin ou de
l'eau-de-vie.

chacun de ces appareils, et on y introduit le quart de leur contenance de bon vinaigre (1) et autant de vin; on bouche la bonde au moyen de son bondon, et on roule plusieurs fois par jour la barrique en la poussant vers l'une des extrémités de l'appareil, que nous appellerons de repos, et on la laisse retomber. Il faut avoir soin, chaque fois qu'on fait cette opération, d'injecter auparavant de l'air dans les barriques. Deux jours après qu'elle est commencée, on y ajoute un broc de vin, et l'on continue journellement cette addition jusqu'à ce que les barriques soient aux quatre cinquièmes pleines; ce qui a lieu vers le huitième jour. On laisse alors éclaircir la liqueur, et l'on soutire les deux tiers du vinaigre, que l'on conserve dans de petits barils. On ajoute alors d'autres petites parties de vin dans les barriques, que nous désignerons par le nom de *mères*, et l'on continue cette opération de la même manière que nous l'avons exposé ci-dessus. En général, il vaut mieux ne soutirer le vinaigre que quelques jours plus tard, parce qu'il est alors plus dépouillé de matières étrangères et beaucoup plus fort.

(1) Si l'on veut acidifier du vin, et qu'on soit dépourvu de vinaigre pour commencer l'opération, on ne doit remplir la barrique de vin qu'à demi, et y ajouter un peu de levûre de bière ou tout autre ferment; on n'y doit verser de nouveau vin qu'à dater du quatrième jour.

CHAPITRE DEUXIÈME.

CONDITIONS POUR OBTENIR DU BON VINAIGRE.

En décrivant le procédé dont nous venons de parler, nous avons supposé que nous avions à opérer sur de bons vins, et que toutes les autres circonstances étaient favorables à son acétification; mais, comme il n'en est pas toujours de même, nous allons indiquer la plupart des moyens propres à y obvier.

Des vins doux.

Nous avons déjà fait connaître que les vins doux ou liquoreux devaient cette saveur à une plus ou moins grande quantité de principe sucré, qui contribue à leur conservation, et que ce principe sucré ne subissait en entier la fermentation alcoolique qu'au bout quelquefois de plusieurs années (1). Il est donc bien évi-

(1) La matière sucrée qui existe dans les vins doux n'est pas même détruite par leur distillation; j'en ai examiné le résidu, qui est connu sous le nom de *repasse* par les fabricans d'eau-de-vie, et j'en ai extrait du sucre de raisin. Nous avons vu aussi des vinaigriers recueillir ces résidus pour en fabriquer du vinaigre, ainsi que nous le dirons ailleurs.

dent qu'un pareil vin ne pourrait guère convenir aux vinaigriers ; cependant, d'après l'analyse du moût que nous avons fait connaître, et
le principe que nous avons émis sur l'influence
des plus ou moins grandes quantités de ferment
sur l'alcoolisation du vin et sur son acétification, il est aisé d'obvier à cet inconvénient.
Lorsqu'on se propose donc d'acétifier un vin
doux, on doit ajouter, dans une barrique à moitié pleine de vin, depuis un sixième jusqu'à un
cinquième d'eau à cinquante degrés, dans laquelle on a préalablement délayé suffisante
quantité de levûre de bière. On la bouche
ensuite et on la roule sur elle-même jusqu'à
dix fois par jour, tant que dure l'opération ;
on n'y ajoute enfin de nouvelles portions de
vin que lorsque l'acétification de celui de la
barrique mère est avancée ; encore même doit-
on continuer à ajouter, au vin d'addition, la
quantité précitée d'eau tiède et un peu de
ferment. Quand le tonneau est aux trois
quarts plein, on doit se dispenser de le rouler,
mais on doit continuer à y injecter de l'air avec
un bon soufflet, ainsi que nous l'avons déjà recommandé.

Des vins faibles.

Par un effet contraire à celui que produisent
les vins doux, les vins faibles étant peu chargés
d'alcool et de beaucoup de ferment et d'eau,
la fermentation acétique est promptement terminée ; mais le vinaigre obtenu est plus ou

moins faible et peu susceptible d'être livré au commerce. On remédie à ce défaut en ajoutant à ce vin de la mélasse, du sucre, du sirop de raisin, ou de l'eau-de-vie, dans des proportions convenables (1).

Du ferment.

Nous avons déjà exposé la théorie de la fermentation acétique, et nous avons fait connaître l'influence qu'exerçaient les fermens sur sa marche ; ainsi, point d'acétification sans ferment : les meilleurs que l'on peut employer sont : 1° cette matière qui se forme dans le vinaigre, et qui est connue sous le nom de *mère* ; 2° la levûre de bière ; 3° le levain ; 4° les jeûnés poussés des vignes, ses feuilles, les grappes et le marc de raisin aigri, etc. (2).

(1) L'expérience a démontré que si l'on expose à une température basse un sirop faible et sans addition de levûre, il n'y aura qu'une fermentation acétique. Pour que la vineuse ait lieu, il faut que les proportions de matière sucrée, d'eau et de levûre, soient convenables, ainsi que la température du local.

(2) M. Demachy, dans son *Art du Vinaigrier*, pag. 21, parle d'une méthode secrète pour faire le vinaigre, laquelle consiste à mêler des excrémens au vin. Voici comme il décrit cette dégoûtante fabrication : « Il y a long-temps que les ordonnances de la marine prescrivent aux capitaines de vaisseaux de ne se mettre en mer qu'avec une provision considérable de vinaigre, afin de laver avec cet acide les ponts, entre-ponts et les chambres, au moins deux fois par semaine ; et il est certain que, si cette ordonnance

Préparation du ferment.

Comme le ferment joue le principal rôle

prouve que de tout temps on a regardé le vinaigre comme le plus grand antiputride, la négligence dans son exécution démontre bien que la cupidité ne connaît point de barrière, puisqu'on s'expose de gaîté de cœur au scorbut, aux maladies putrides, enfin à des épidémies dont Brest, entre autres, se souviendra long-temps. Cette ordonnance, supposant une consommation considérable de vinaigre, surtout pour la provision d'une flotte qu'on équipait dans la guerre de 1756, dans ce port de mer, les entrepreneurs imaginèrent de convertir les pièces de vin à vinaigre en autant de lieux d'aisance où les ouvriers eurent ordre d'aller se soulager. En cinq à six jours le vin fut converti en un vinaigre exquis, et dont la pénétration était singulière. On peut évaluer à peu près à douze livres de matière excrémentitielle par barrique de trois cents pintes, ce qui donne six gros par pinte. J'ai goûté de ce vinaigre : il ne se ressentait en aucune manière de la substance qui avait contribué à la fermentation. J'en ai moi-même fait deux pintes, et je l'ai trouvé d'une force peu commune. Je ne rougis plus d'avouer qu'ayant entendu, pour la première fois, rapporter ce procédé dans un cours public, je fus un des premiers à le trouver ridicule, etc. »

Quoi qu'en dise M. Demachy, je ne vois pas ce que les excrémens peuvent céder au vin pour en faire un *vinaigre exquis*. Si les excrémens sont un très-bon ferment, ce que je veux bien admettre, puisque l'expérience l'a confirmé, ils n'en ont pas moins l'inconvénient de céder au vinaigre quelques-uns de leurs principes constituans, qui, malgré l'opinion de M. De-

pour établir la fermentation, il est bon d'en faire connaître la préparation, lorsqu'on ne peut point se procurer celui qui provient de l'écume qui s'élève de la bière ou des liqueurs faites avec le malt.

On prend de la farine qu'on mêle avec deux pintes d'eau jusqu'à consistance sirupeuse. On fait bouillir pendant demi-heure, et, lorsque la matière est presque refroidie, on y ajoute demi-livre de sucre et quatre cuillerées de bon ferment. On expose le tout à une douce chaleur, dans un vase de terre à ouverture étroite. Quand la fermentation est terminée, l'on a pour produit un ferment propre à en préparer de plus grandes quantités, ou bien à être employé pour établir la fermentation.

Autre moyen.

Détrempez dans six pintes d'eau deux poignées de farine de froment et d'orge, faites évaporer au tiers; après le refroidissement, ajoutez-y un mélange de deux gros de sel de tartre et un gros de crême de tartre en poudre. Il suffit d'abandonner la liqueur à elle-même pour obtenir un très-bon ferment, qu'on doit cepen-

machy, ne peuvent qu'en altérer la bonté et le rendre même nuisible. Nous n'avons donc exposé ce dégoûtant procédé qu'afin d'en proscrire l'emploi, et nous ne pensons pas qu'aucun fabricant s'empresse de l'adopter. Il suffirait qu'une telle pratique fût connue pour voir son établissement discrédité.

dant laver pour lui enlever sa saveur alcaline.

Gâteaux de ferment.

En Amérique, on prépare pour toute l'année des gâteaux de ferment. Voici le procédé qu'en a publié M. Cobbett : Après avoir broyé trois onces de houblon, on le fait bouillir pendant demi-heure dans huit pintes d'eau ; on coule et on y détrempe trois livres et demie de farine de riz. Lorsque ce mélange est refroidi à 25°, on y ajoute une pinte de bon ferment ; le lendemain, la fermentation se trouvant établie, on y incorpore sept livres de farine de blé d'Inde. On bat cette pâte, et on en fait des gâteaux d'un pouce d'épaisseur, que l'on fait sécher au soleil avec soin, et on les conserve dans un endroit bien sec. Ces gâteaux servent à déterminer la fermentation ; quand on les destine à la confection du pain, on emploie deux de ces gâteaux, ayant environ trois pouces de diamètre et l'épaisseur ci-dessus indiquée.

M. Colin a publié un mémoire fort intéressant sur la fermentation du sucre (1), d'après laquelle il paraîtrait que la présence de l'azote serait nécessaire et suffisante pour produire la fermentation spiritueuse. M. Colin est parvenu à la faire naître avec le gluten frais et bien lavé, avec le levain de pâte de fa-

(1) *Annales de Chimie et de Physique*, tome XXVIII et XXX.

..2

rino, avec de la viande de bœuf fraîche, avec le blanc d'œuf, le fromage *à la pie* bien égoutté, l'urine humaine, la colle de poisson, la fibrine pure, le serum, le caillot et la matière colorante du sang, ainsi qu'avec l'osmazone. Ce chimiste a également examiné les levûres de bière et de raisin; il les a trouvées composées de parties solubles et de parties insolubles. Ce sont les premières dans lesquelles réside principalement la vertu fermentescible, au lieu que la matière insoluble convertit l'oxigène de l'air en acide carbonique. Les levains, dit-il, n'exigent pas le concours de l'oxigène pour faire entrer le sucre en fermentation alcoolique; mais si leur partie soluble est séparée de celle qui est insoluble, aucune de ces parties isolées ne peut plus exciter à la fermentation sans la présence de l'oxigène; la partie soluble agit alors avec vivacité et au bout de quelques heures, l'autre avec lenteur et tardivement. Dans un mémoire que je lus en 1822, à l'Académie royale des Sciences, sur la fermentation vineuse, et qui se trouve inséré dans les Annales de l'Industrie pour 1823, je démontrai également, par plusieurs expériences, que la présence de l'air n'était pas nécessaire pour développer la fermentation alcoolique.

De l'air.

La présence de l'air est indispensable pour l'acétification; ainsi, plus la liqueur se trouvera en contact avec lui, plus tôt elle sera terminée. Il est aisé de reconnaître en ceci combien il est utile de chasser l'acide carbonique qui se produit, et qui, à cause de sa pesanteur, forme une couche sur la liqueur qui intercepte l'air. D'après cela, l'insufflation de l'air dans les barriques et l'agitation du liquide, qui en soumet toutes les parties à son action, recommandent de promener les barriques sur l'appareil de repos. Il vaut mieux aussi qu'elles ne soient qu'à moitié remplies, afin que la masse d'air soit plus forte.

Température.

Une température de 20 à 30 c° paraît être le plus convenable à l'acétification. Il ne faut cependant pas conclure avec MM. Demachy, Fourcroy, etc., qu'au-dessous elle ne s'établit pas : ici l'expérience l'emporte sur la théorie; car, comme je l'ai déjà dit, on obtient du très-bon vinaigre dans toutes les caves du midi de la France, dont la température constante est de + 10 degrés.

Vinaigre d'eau-de-vie.

On a long-temps révoqué en doute si l'alcool existait tout formé dans le vin, ou s'il était le produit de la distillation. Cette question, qui est maintenant résolue affirmativement, n'avait point été mise en doute par divers chimistes du moyen âge. En effet, Venel, Stahl, Spielman, etc., attribuèrent la formation du vinaigre à la décomposition de l'alcool du vin; aussi ce dernier, ainsi que Carthaeuser, etc., a-t-il conseillé d'ajouter de l'eau-de-vie au vin pour obtenir un acide plus fort. Venel même a été plus loin; il a reconnu le premier la formation de l'éther dans l'acétification du vin. On sent, dit-il, l'éther bien distinctement dans les endroits où l'on fait le vinaigre; ainsi, dans cette opération, on fait véritablement de l'éther. Demachy, Struve, Bertrand, semblent croire qu'il ne fait qu'y contribuer conjointement avec le tartre; c'est une erreur sur laquelle il nous sera facile de prononcer. La présence du tartre n'est nullement utile pour convertir le vin en vinaigre; nous en avons une preuve par la conversion de l'alcool, de la bière, etc., en vinaigre; et si le vinaigre de bière n'est pas aussi fort que celui du vin, ce n'est point à l'absence du tartre qu'on doit l'attribuer, mais bien à ce que la bière est très-chargée d'acide carbonique et peu riche en alcool.

Ainsi, puisqu'il est bien démontré que c'est à la décomposition de l'alcool qu'est due la formation du vinaigre, il est donc bien évident que les vinaigriers devront rechercher les vins qui en sont le plus chargés. Nous avons donc cru devoir leur présenter le tableau qu'a dressé M. Brande des quantités d'alcool que contiennent la plupart des vins connus. J'ai tâché de rendre ce tableau plus complet en y ajoutant ceux des meilleurs vins de France que cet habile chimiste a passés sous silence.

TABLEAU

Indiquant les proportions d'alcool que contiennent, pour cent en mesure, les vins suivans.

VINS ÉTRANGERS.

1° Lissa.	26.47
Id.	24,35
Moyenne. . .	25,41
2° Vins de raisins secs. .	26,40
Id.	25,77
Id.	23,30
Moyenne. . .	25,15
3° Marsala.	26,03
Id.	25,05
Moyenne. . .	25,54
4° D'Oporto (1). . . .	25,83

(1) Le degré de spirituosité de ce vin ne doit point nous surprendre; il est dû à l'eau-de-vie de canne qu'on y ajoute. M. le chevalier Gravelle, médecin de la marine française et russe à Lisbonne, m'a assuré qu'on y ajoutait du quart au tiers d'eau-de-vie, et que cette pratique était également suivie pour la plupart des vins renommés de Portugal; si l'on en excepte celui de Colarès; aussi ne donne-t-il que 19,75; il en est de même de celui de Bucellas, qui est naturel. Il est bon de faire observer que l'on ne met pas une si forte quantité d'eau-de-vie dans les autres, et qu'on n'en ajoute à ceux de Lisbonne, Calcavella, etc., qu'un peu, afin de les rendre plus faciles à conserver.

D'Oporto.	24,29
Id.	23,71
Id.	23,39
Id.	22,30
Id.	21,40
Id.	19,00
Moyenne.	22,85
5° Madère.	24,42
Id.	23,93
Id. (Sercial).	21,40
Id.	19,24
Moyenne.	22,25
Madère rouge.	22,30
Id.	18,40
Moyenne.	20,35
Cap Madère.	22,94
Id.	20,50
Id.	18,11
Moyenne.	20,51
Malvoisie de Madère.	16,40
6° Vin de groseilles.	20,55
Id.	11,84
Moyenne.	16,19
7° Xérès.	19,81
Id.	19,83
Id.	18,79
Id.	18,25
Id.	19,17
8° Ténériffe.	19,79
9° Colarès.	19,75
10° Lacryma-Christi.	19,70
11° Constance blanc.	19,75
12° Dit rouge.	18,92
13° Lisbonne.	18,94
14° Malaga.	18,94
15° Bucellas.	18,49
16° Cap muscat.	18,25
17° Calcavella.	19,20

Calcavella. 18,10
  Moyenne. . . . . 18,65.
18° Vidonia. 19,25
19° Alba-Flora. 17,26
20° Malaga. 17,26
21° Zante. 17,05
22° Schiras. 15,52
23° Syracuse. 15,52
24° Vin vieux du Rhin. . . 14,37
  Id. 13,00
  Id. vieux en tonneau. 8,88
  Moyenne. . . . 12,08
25° Nice. 14,63
26° D'Alicante. 13,80
27° De Vinaroz vieux. . . 24,10
  Id. 23,40
  Id. d'un an. . . . 21,00
  Moyenne. . . . 22,81

VINS DE FRANCE.

28° Roussillon.
 de Rives-Altes de 20 ans. 23,40
  Id. 22,80
  Id. de 10 ans. . . 21,60
  Id. 21,20
  Id. de l'année. . . 20,
  Moyenne. . . . 21,80
 Banyulls de 18 ans. . 23,60
  Id. 23,10
  Id. de 10 ans. . . 21,40
  Id. 21,40
  Id. de l'année. . . 20,30
  Moyenne. . . . 21,96
 Collioure de 15 ans. . 23,
  Id. 22,40
  Id. de 5 ans. . . 21,10
  Id. de l'année. . . 20,
  Moyenne. . . . 21,62

Salces de 10 ans. . . . 21,80
Id. 21,10
Id. de l'année. . . 19,40
  Moyenne. . . 20,43
29° Département de l'Aude.
Fitou et Leucate de
 10 ans. 21,20
 Id. 21,
 Id. de l'année. . . . 20,
 Id. 19,40
  Moyenne. . . 19,7
La Palme de 10 ans. . 22,
 Id. 21,20
 Id. de l'année. . . . 19,60
  Moyenne. . . 20,93
Sigean de 8 ans. . . 21,50
 Id. 21,
 Id. de l'année. . 19,20
  Moyenne. . . 20,56
Narbonne de 8 ans . 21,80
 Id. 21,50
 Id. 21,
 Id. 20,30
 Id. de l'année. . . 20,
 Id. 19,40
 Id. 19,30
 Id. 19,20
 Id. 18,80
 Id. de la plaine. . 17,70
  Moyenne. . 19,90 (1)

(1) En général, les vins de Narbonne valent
ceux de Sigean ; il est même des quartiers qui lui
sont supérieurs, tandis qu'il en est qui lui sont inférieurs ; ce sont les vignes plantées dans les plaines.
L'on peut consulter les recherches sur la fermentation
vineuse que j'ai présentées à l'Académie royale des

Lezignan de 10 ans.	21,
Id.	20,90
Id. de l'année.	19,40
Id.	18,60
Id.	17,
Moyenne.	19,46
Mirepeisset de 10 ans	22,20
Id.	21,80
Id. de 8 ans.	21,60
Id. de l'année.	20,30
Id.	19,
Id. de la plaine.	17,80
Moyenne.	20,45
Carcassonne de 8 ans.	18,40
Id.	18,10
Id. de l'année.	17,
Id.	15,
Moyenne.	17,12
30° Départ. de l'Hérault.	
Nissau de 9 ans.	20,10
Id.	19,80
Id. de l'année.	18,30
Id.	17,00
Moyenne.	18,80
Béziers de 8 ans.	19,90
Id.	19,60
Id. de l'année.	18,10
Id. de la plaine.	16,00
Moyenne.	18,40
Mèze de 10 ans.	20,
Id.	19,60
Id. de l'année.	18,
Id.	16,80
Moyenne.	18,6

Sciences, et publiées dans les *Annales de l'Industrie* et le *Journal de Pharmacie de Paris*, etc.

Montpellier de 5 ans.	19,10
Id. de 4 ans. . . .	18,80
Id. de l'année. . .	17,
Id. de la plaine. .	15,70
Moyenne. .	17,65
Lunel de 8 ans. . .	20,
Id.	19,
Id. de l'année. . .	17,40
Id. de la plaine. .	16,00
Moyenne. .	18,1 (1)
Frontignan de 5 ans.	18,10
Id.	17,80
Id. de l'année. . .	16,
Id.	15,70
Moyenne. .	16,9 (2)
31° Hermitage rouge de 4 ans.	13,90
Id. blanc. . .	16,80
32° De Bourgogne. . .	16,70 (3)
Id.	16,10
Id.	15,70
Id.	14,90
Id.	12,30
Id.	12,10
Moyenne. .	14,75
33° Vin de Grave de 3 ans.	14,20
Id. . . de 2 ans.	13,60
Moyenne. .	13,9

(1) M. Brande ne porte la quantité d'alcool qu'à 15,52 ; il doit avoir examiné du vin de l'année.

(2) M. Brande n'a trouvé que 12,70. J'ai répété un grand nombre de fois mes essais, et je puis assurer que je n'ai jamais trouvé de si faibles proportions que celles qu'indique ce chimiste.

(3) Je n'ai pu avoir que des données incertaines sur l'âge. La moitié étaient de l'année, et les autres avaient de trois à quatre ans.

34° Vin de Champagne (non
mousseux). 14,10

Id. 13,90

Moyenne. . 14,

Id. (mousseux) blanc. 12,40

Id. 12,10

Moyenne. . 12,25

Champagne rouge mousseux. 12,20

Id. 11,80

Id. 11,40

Moyenne. . 11,8

De Tokay. 11,60

35° Vins de Bordeaux (1)

—— 1ʳᵉ qualité. 17,

Id. 16,80

Id. 16,40

Id. . . 2ᵉ qualité. 14,80

Id. 14,60

Id. de l'an. et ordin. 12,90

Id. 12,80

Id. 12,40

Moyenne. . 14,73

36° Vins de Toulouse de
l'année. 12,40

Id. 12,10

Id. 11,80

Id. 11,60

Moyenne. . 11,97

37° Vins de fruits.

Vin de groseille. . . 11,60

Vin d'orange, terme
moyen d'après M.
Brande. 11,26

(1) Il ne m'a pas été possible de m'assurer de l'âge
ni du véritable crû, attendu qu'on est le plus souvent assuré d'être trompé sur ce point.

Cidre, 1re qualité de
Normandie, 12,50
Id. 11,60
Id. 10,80
Id. . . 2e qualité. 9,40
Id. 9,20
Id. 8,90
Id. . . 3e qualité. 7,80
Id. 7,60
Id. 7,10
Moyenne. 9,44
38° Poiré, 1re qualité . 12,10
Id. 11,40
Id. 10,60
Id. qualité inférieure. 7,90
Id. 7,40
Id. 7,10
Moyenne. 9,40
39° Bierre forte brune d'An-
gleterre. . . 6,80 (1)
—— de France. . 6,10
—— id. . . 5,40
— ordinaire id. . . 5,
Moyenne. 5,50
Petite bierre de Lon-
dres, pour le terme
moyen. . . . 1,28
Porter de Londres, ter-
me moyen. . . 4,20
Aile de Burton. . . 8,88
Id. d'Edimbourg. 6,20
Id. de Dorchester. 5,56
40° Hydromel. . . . 10,40
Id. 8,60

(1) D'après M. Brande, ainsi que le porter, l'aile
de Burton, d'Edimbourg et de Dorchester.

Hydromel. 7,10
Moyenne. . . 8,70 (1)

RÉCAPITULATION

Du terme moyen des principaux vins de France,
rangés d'après leur degré de spirituosité.

Banyulls, p. 100 en mesure. 21,96
Rives-Altes. 21,80
Collioure. 21,62
Lapalme. 20,93
Sigean. 20,56
Mirepeisset. 20,45
Salces. 20,43
Narbonne. 19,90
Lesignan. 19,46
Leucate et Fitou. . . 19,70
Nissan. 18,80
Mèze 18,60
Béziers 18,40
Lunel. 18,10
Montpellier. 17,65
Carcassonne. 17,22
Frontignan. 16,90
Bourgogne 14,75
Bordeaux. 14,73
Champagne. . . . 12,20
Toulouse. 11,97

Il est bon de faire observer que toutes ces analyses ne peuvent déterminer rigoureusement les quantités d'alcool dans les vins d'une localité, parce qu'ainsi que je l'ai démontré ailleurs, les vins d'un même crû varient sui-

(1) Un hydromel m'a donné 13,10 d'alcool.

...2

vant la qualité du plant, l'âge de la vigne, l'exposition du sol, et suivant que les saisons ont plus ou moins favorisé la production et la maturité du raisin. Cependant ce travail peut toujours offrir des données approximatives et très-utiles tant aux vinaigriers qu'aux fabricans d'eau-de-vie. Les vinaigriers peuvent, au reste, déterminer le degré de spirituosité des divers vins d'un même crû, au moyen du petit alambic de M. Descroizilles.

CHAPITRE TROISIÈME.

VINAIGRE SANS VIN.

Vinaigre d'eau-de-vie.

On peut fabriquer du vinaigre avec l'eau-de-vie ou l'alcool. M. Hébert, de Berlin, dit en avoir préparé en unissant quatre parties d'esprit de malt à soixante et douze d'eau.

Procédé de M. Chaptal.

Ce chimiste emploie, par litre d'eau-de-vie à 12°, quinze grammes de levûre de bière, et un peu d'empois. La fermentation se développe le cinquième jour, et le vinaigre qui en est le produit est extrêmement fort.

Le vinaigre d'eau-de-vie est très-dur ; quand on le fabrique, on ajoûte du sucre à la liqueur. Le sucre, il est vrai, contient un mucilage qui dispose cet acide à une putréfaction dont l'alcool non acétifié le garantit. M. Colin-Mackensie (1) s'est livré à un travail suivi sur cet objet : nous allons le faire connaître.

1° Sucre, alcool, eau et ferment.

Dix onces de sucre, autant d'alcool, cent quarante-quatre d'eau, et une once et demie de ferment, entrent en fermentation le même jour ; elle se termine le douzième. Quatre onces du vinaigre qui en est le produit saturent un gros de potasse (2).

2° Sucre, eau, alcool et ferment.

Dix onces de sucre, cinq d'alcool, soixante-douze d'eau et six gros de ferment, entrent en fermentation le second jour et continuent pendant huit autres. Une pinte de ce vinaigre donne dix gros d'alcool faible à la distillation.

Comme cette formation du vinaigre par l'alcool se rattache intimement à celle du sucre, ou pour mieux dire qu'elle en est dépendante, nous croyons ne pas devoir les séparer.

(1) Que thousand experiments in chemistry.
(2) On reconnaît la force des vinaigres par la quantité de potasse ou de soude qu'ils saturent, comme nous le démontrerons ailleurs.

Vinaigre de sucre.

1° Sucre, eau et ferment.

Si l'on prend dix onces de sucre, soixante et dix d'eau et deux onces de ferment, et qu'on les unisse, on voit la fermentation s'établir au bout de cinq à six heures; elle continue pendant douze jours. Quatre onces de ce vinaigre saturent un gros et demi de potasse. Le docteur Ure assure qu'on peut faire un très-bon vinaigre avec une livre de sucre sur trois pintes d'eau.

2° Sucre en excès.

Au lieu des proportions précédentes, si l'on prend quinze onces de sucre, soixante et dix d'eau et six gros de ferment, la fermentation se développe le jour même, et quatre onces du vinaigre obtenu saturent deux gros de potasse. Cet acide contient un huitième de sucre non acétifié.

3° Sucre en excès de ferment.

Ajoutez aux proportions de sucre et d'eau ci-dessus indiquées, dix gros de ferment; la fermentation s'établit le premier jour, dure pendant dix autres, et quatre onces de ce vinaigre saturent deux gros de potasse. Cet acide contient encore un seizième de sucre non converti en acide acétique.

4° Proportions pour faire un bon vinaigre.

Une livre de sucre, une once de ferment et sept livres d'eau; la fermentation dure douze jours, et le vinaigre est très-fort, très-agréable, et se trouve sans excès de sucre. Quatre onces saturent trois gros de potasse.

5° Proportions pour faire un bon vinaigre avec le sucre et l'alcool.

Quatre onces de sucre, trois d'alcool, vingt-huit d'eau et demi-once de ferment, donnent, après dix et huit jours, un vinaigre dont quatre onces saturent deux gros de potasse. Par la distillation, on en retire environ la moitié de l'alcool employé, dont on doit par conséquent diminuer les proportions. Les expériences auxquelles je me suis livré m'ont démontré que l'alcool ne devait pas excéder le tiers du sucre employé. D'après les considérations que nous ferons connaître plus bas, voici les proportions que nous avons gardées :

Sucre.	. . . . .	6 livres.
Alcool.	. . . . .	2
Ferment.	. . . .	» 12 onces.
Eau à 30 c°.	. . .	28

Ce vinaigre ne donnait que des traces d'alcool, et saturait deux gros et demi de potasse.

Vinaigre de sucre de M. Cadet-Gassicourt.

Ce chimiste conseille de faire fermenter ensemble 124 parties de sucre, 868 d'eau et 80 de levûre de bière ou de levain de boulanger, et de filtrer au bout d'un mois. M. Cadet assure que les vinaigres de première qualité, que les marchands vendent à des prix élevés, ne sont autre chose que des vinaigres ordinaires auxquels ils ont ajouté plus ou moins d'acide acétique et de l'alcool.

Lorsqu'on veut convertir en qualité supérieure le vinaigre d'Orléans, on doit y ajouter de 34 à 36 grammes (une once un gros) d'acide acétique, et 16 grammes (demi-once) d'alcool, par kilogramme.

Vinaigre d'amidon.

Si l'on prend sept onces de farine, et qu'après en avoir formé, par la coction, une bouillie claire avec cinquante-six onces d'eau, on y ajoute demi-once de levûre de bierre, la quantité de vinaigre qui est produite, au bout d'un jour, peut saturer une once un gros de potasse.

Si l'on substitue l'amidon à la farine et qu'on laisse la liqueur fermenter pendant trente-cinq jours, le vinaigre qui en résulte peut saturer onze gros de potasse (1).

Il est cependant un autre procédé plus avan-

(1) L'amidon délayé dans l'eau, avec la levûre de bière, produit aussi à la longue du vinaigre qui, à la vérité, n'est pas très-fort.

tageux pour cette fabrication; l'on sait que l'on parvient à convertir l'amidon en matière sucrée, en en faisant bouillir deux kilogrammes avec huit kilogrammes d'eau aiguisée de 40 grammes d'acide sulfurique à 66°. On entretient l'ébullition pendant trente-six heures, dans une bassine de plomb ou d'argent, en agitant le mélange avec une spatule de bois, pendant la première heure de l'ébullition, après quoi on ne le remue que de temps en temps. L'on doit ajouter de l'eau chaude au fur et à mesure qu'elle s'évapore. Lorsque la liqueur a bouilli pendant quelques heures, on y mêle du marbre en poudre et du charbon; on clarifie ensuite au blanc d'œuf, et l'on passe à travers une étamine en laine; on concentre la liqueur jusqu'à ce qu'elle ait acquis une consistance presque sirupeuse, et on la laisse refroidir lentement; quand elle a déposé tout le sulfate de chaux possible, on passe de nouveau à la chausse, et l'on concentre plus ou moins le sirop par l'évaporation, suivant que l'on veut obtenir du sucre ou du sirop. Ce procédé est dû à M. Kirchoff. M. de Saussure a fait connaître que 100 parties d'amidon, ainsi traitées, donnaient 110 de sucre d'amidon, qui est un peu analogue à celui de raisin (1). Dans cette opé-

(1) Le docteur Tuthill a retiré d'une livre d'amidon de pommes-de-terre, ainsi traitées, une livre et un quart de sucre cristallisé brunâtre, jouissant de propriétés intermédiaires entre ceux de canne et de

ration l'air ne joue aucun rôle, et l'acide sulfurique n'est pas décomposé. M. de Saussure
pense que le sucre d'amidon n'est qu'une combinaison d'amidon avec l'hydrogène et l'oxigène, dans les proportions nécessaires pour faire
de l'eau (1).

On peut, avec le sucre, faire de bon vinaigre en suivant les procédés et les proportions
que nous avons donnés pour le sucre de can-
nes ; si l'on emploie le sirop de ce sucre, on en
mettra trois parties au lieu de deux de sucre
de canne. Il est bon de faire observer que cette
fermentation s'établit promptement, et que le
vinaigre n'a aucun mauvais goût.

On obtient également d'acide acétique et
d'alcool dans le cas suivant. On n'ignore point
que lorsqu'on veut extraire l'amidon des céréales, il faut commencer par décomposer le
gluten par la fermentation. Pour cela, après
avoir séparé le son de la farine, on le met dans
de grandes cuves, avec suffisante quantité d'eau
unie à un peu d'eau sûre. Il s'opère bientôt une
espèce de fermentation ; la plus grande partie
du gluten est décomposée dans l'espace de
quinze jours à un mois, suivant que la tempé-

raisin. *Vid.* la *Chimie agricole* de Davy, tom. I.
M. Volker a employé les pommes-de-terre à la fabrication du vinaigre. 100 livres lui ont donné 25
livres de sirop, avec lequel on peut préparer un vinaigre aussi bon et moins cher que celui de grains.

(1) *Bibliothèque Britannique, Sciences et Arts,*
tom. LVI.

rature est plus ou moins élevée. Après ce temps on enlève une couche de moisissure qui recouvre une liqueur trouble et gluante, qui est connue des amidonniers sous le nom de *première eau sûre* ou *eau grasse*. Cette liqueur est composée, d'après M. Vauquelin, d'eau, de vinaigre, d'alcool, d'acétate d'ammoniaque, de phosphate de chaux et de gluten. Le dépôt est l'amidon, qu'on lave à grandes eaux.

On peut employer également, pour convertir en sucre et par suite en vinaigre, l'amidon de blé, celui d'orge, de pommes-de-terre, de bryone, etc.

Vinaigre de sucre ou de sirop de raisin.

Le sucre ou le sirop de raisin sont susceptibles de donner, par la fermentation, un excellent vinaigre; les proportions qui m'ont le mieux réussi sont

Sucre de raisin.	8 livres	
Alcool. . . .	2	8 onces.
Ferment.. . .	»	12
Eau.	30	

La fermentation de ce mélange s'établit plus vite que celui avec le sucre de canne; et le vinaigre obtenu sature, sur quatre onces, deux gros et demi de potasse.

Si l'on substitue le sirop de raisin, cuit à la consistance ordinaire, au sucre de ce même fruit, on emploiera vingt-cinq onces de sirop par livre de sucre.

3

Vinaigre de miel.

Le miel étendu d'une certaine quantité d'eau, et soumis à la fermentation, avec l'addition d'un peu de levûre, donne une liqueur vineuse très-agréable, connue sous le nom d'hydromel. Cette boisson, exposée au contact de l'air, s'acidifie promptement. Lorsqu'on veut préparer le vinaigre de miel, on prend

Miel en consistance solide.   10 kilog.
Alcool.   3
Eau.   30,
Ferment. . . . . »   4 hectog.

La fermentation s'établit d'abord; il se produit de l'hydromel qui subit aussitôt la fermentation acétique, laquelle a lieu même sans le secours d'un ferment étranger; mais elle est beaucoup plus longue. Le vinaigre de miel, quelque temps après qu'il est fait, devient très-fort, et conserve toujours le goût de cette substance.

On peut également faire du vinaigre avec toutes les substances sucrées. J'en ai préparé de très-bon avec les sirops de poires et de coings, le suc des mûres, celui des carottes, etc.

Vinaigre de mélasse.

Il est bien reconnu que la mélasse ne saurait fermenter sans l'addition d'un ferment et d'une plus grande quantité d'eau. En conséquence, si l'on prend

Mélasse. . . . . . 6 kilogr.
Eau 18
Levûre de bière. » 2 hect.

et qu'on expose ce mélange à une température d'environ 25°, la fermentation alcoolique ne tarde pas à s'établir. Si on l'arrête au bout de sept à huit jours et qu'on distille la liqueur vineuse, on en obtient une eau-de-vie connue sous le nom de rhum. Si l'on abandonne au contraire cette liqueur à elle-même et avec le contact de l'air, elle ne tarde pas à se convertir en très-bon vinaigre.

Il est bon de faire observer que si l'on met un peu trop de mélasse, la liqueur alcoolique est très-longue à s'acidifier; elle se comporte alors comme les vins liquoreux. On peut remédier à cet inconvénient en y ajoutant du ferment et un peu d'eau chaude.

Dans les vins faibles ou les liqueurs vineuses peu chargées de matières sucrées, on peut les rendre propres à produire de bons vinaigres en y ajoutant depuis deux jusqu'à cinq livres de mélasse pour cent.

Vinaigre de bière.

On peut appliquer au vinaigre de bière ce que nous avons dit du vinaigre de vin, avec cette différence que la bière, par son exposition à l'air, se dépouille bien vite de son acide carbonique et ne tarde pas à s'acidifier. Cependant, pour que cette acidification soit plus prompte, on y ajoute un peu de levûre. Ce vinaigre est très-faible et d'un goût peu agréable. On peut le rendre beaucoup plus fort en ajoutant à la liqueur qui s'acétifie, trois centièmes de mélasse, ou bien quatre d'alcool à 23. A Gand, on fait du bon vinaigre de bière avec 920 kil. d'orge malté, 342 de froment, 245 de blé sarrasin; après les avoir réduits en farine, on les fait bouillir pendant trois heures dans vingt-sept tonneaux d'eau de rivière, et l'on en obtient dix-huit de bonne bière pour vinaigre; par une autre décoction, il se produit un liquide qui fermente plus facilement, et que l'on mêle au premier. Le brassin total produit environ 2800 litres.

Vinaigre de cidre.

Personne n'ignore que le cidre est un vin mousseux que l'on prépare en faisant fermenter le suc des pommes écrasées sous une forte meule. Ce suc de pommes est plus ou moins riche en matière sucrée, suivant la qualité et la maturité des pommes, ainsi que suivant les contrées, les saisons, les sites et les terroirs. Le cidre obtenu varie en principes alcooliques suivant ces circonstances. En France, M. Dubuc aîné s'est occupé de cette fabrication : il a divisé les pommes qu'on y destine en trois classes,

PREMIÈRE CLASSE.

Pommes précoces, dites de première fleur.

M. Dubuc range dans cette classe les pommes tendres ou hâtives, connues dans la haute Normandie sous les noms de *pomme d'orange* (1), de *doux-lévesque*, de *beurré*, de *girard*, de *blanc-mollet*, de *gros-bois*, etc. On les récolte généralement vers la mi-septembre. Le suc qu'elles donnent ne marque que de 4 à 5 degrés; il est très-acidule, fermente très-bien, se clarifie, se conserve peu de temps, et ne donne qu'un quinzième de son volume d'eau-de-vie.

SECONDE CLASSE.

Pommes intermédiaires, dites de seconde fleur.

Ces pommes ne se cueillent que vers le milieu d'octobre; elles sont désignées sous les noms de *rouge-brière*, *fresquin-blanc*, *douce-morelle*, *gros-bois*, *doux-rellé*, *saint-philbert*, *blangy*, etc. On ne les brasse qu'un mois après la cueillette. Le moût est moins acidule que celui des précédentes, et marque environ 7 degrés. Le cidre qu'il donne est très-agréable au goût, se conserve jusqu'à trois ans, et donne près d'un dixième en volume d'eau-de-vie.

(1) Sa couleur est d'un beau jaune rougeâtre.

TROISIÈME CLASSE.

Pommes tardives, dites de troisième fleur.

Ces pommes sont les plus estimées pour cette opération ; on les désigne collectivement sous les noms de pommes dures ou tardives. Cette classe comprend : les pommes de *peau-de-vache*, la *rouge-dure*, la *bédane*, la *marie-enfrie* ou de *roquet*, de *long-bois*, de *bouteille*, la *germanie*, etc. On ne les cueille que vers la fin de novembre, après qu'elles ont éprouvé les premières gelées blanches. On les entasse sous des hangars, où elles s'échauffent, suent et y mûrissent, ce que l'on reconnaît à la couleur jaunâtre qu'elles contractent. Le moût qu'elles donnent marque alors de 9 à 12 degrés (1). Les cidres qui en proviennent sont, en général, supérieurs en qualité, mais moins agréables au goût que celui des pommes intermédiaires. Lorsqu'il est sans mélange d'eau, il se conserve jusqu'à six ans, et donne de un dixième à un huitième de son volume d'eau-de-vie à 20 degrés.

Lorsqu'on veut préparer le cidre, on écrase bien les pommes sous la meule, et on les soumet ensuite à la presse ; on prend le marc, on y ajoute de l'eau environ le tiers du poids des

(1) A l'exception des vins de Roussillon et d'une partie du département de l'Aude, le moût des autres vins ne marque guère au-delà.

pommes; on le repasse à la meule et ensuite au pressoir(1); on mêle les deux liqueurs, et la fermentation s'établit plus promptement et à une température inférieure à celle du moût de raisin. Cette fermentation est d'autant plus rapide que la quantité de principe sucré est moindre, et celle du ferment plus forte; car, ainsi que pour les vins liquoreux provenant des moûts de raisin trop chargés de principe sucré, il arrive que lorsque les pommes sont trop mûres, ou qu'elles sont de première qualité, et que le site et les saisons lui sont favorables, le cidre qu'elles donnent est très-riche en principe sucré, et se conserve très-long-temps en cet état avant que tout ce sucre soit alcoolisé. C'est ce cidre qu'on appelle de garde (2).

Nous ne décrions point ici la théorie de la fermentation du suc des pommes; elle se rattache intimement à celle du moût du raisin. Il est à regretter que ce suc, ainsi que le cidre, n'aient point encore été soumis à l'analyse

(1) On ajoute du tiers au quart d'eau pour ce qu'on appelle *petit cidre* ou *cidre de ménage*; mais pour celui du commerce, on n'y en met qu'une petite quantité.

(2) En principe général, pour obtenir de bonnes boissons des fruits à pépins, il est de rigueur de les employer bien assortis, et surtout ni trop verts ni trop mûrs; car il est prouvé qu'on fait rarement d'excellent cidre avec une seule espèce de pommes. *Vid.* M. Dubuc, *Mémoire sur les Cidres et le Poiré*, inséré dans ceux de l'Académie royale des Sciences de Rouen.

chimique. Tout ce que l'on sait, c'est que ce suc, outré l'eau, le ferment et le sucre, contient beaucoup d'acide malique et de mucilage; j'y ai reconnu des traces d'azote.

D'après ce que nous venons d'exposer sur les pommes, la densité de leur suc et le degré comparatif d'alcoolisation des cidres, il est bien évident qu'on doit en obtenir des vinaigres plus ou moins forts, suivant qu'on aura employé de ceux de la première, seconde ou troisième fleur. Les premiers se convertissent promptement en vinaigre et sans addition de ferment; les seconds sont moins disposés à cette conversion; cependant ils la subissent, en moins de douze jours, par l'addition du ferment. Il n'en est pas de même de ceux de troisième fleur, surtout s'ils n'ont point été préparés avec addition d'eau. Ces cidres sont très-doux, et très-longs à subir la fermentation vineuse, et par conséquent acétique; comme les vins doux, on doit y ajouter de l'eau chaude, et suffisante quantité de ferment. Quant aux procédés pour la conversion du cidre en vinaigre, on peut suivre ceux que nous avons indiqués pour le vin.

Nous avons parlé du marc des pommes que l'on écrase et pressure pendant deux fois; après ce temps, on le fait servir d'engrais. Nous croyons qu'il conviendrait mieux aux intérêts des propriétaires de reprendre ce marc, de le soumettre de nouveau à l'action de la meule, d'y ajouter suffisante quantité d'eau à 50°, et de le soumettre à la presse. Cette liqueur pourrait être ajoutée à de nouveau marc ainsi préparé; et, lorsqu'elle marquerait de 10 à 12 à l'aréomètre, on pourrait en préparer un très-bon vinaigre, en y ajoutant le quart de son poids de ce marc aigri: Il suffirait aussi de recueillir tout le marc qui n'a été soumis que deux fois à la presse, et de le délayer dans une cuve avec un peu d'eau chaude, pour obtenir en peu de temps un très-bon vinaigre. Le marc pressuré pour la troisième fois n'en est pas moins susceptible de servir d'engrais.

Vinaigre de poiré.

Tout ce que nous venons de dire du vinaigre de cidre est applicable à celui de poiré. La fabrication de ces deux boissons est la même; et les poires qui produisent le poiré sont divisées et cueillies à diverses époques comme les pommes. Leur moût a une densité à peu près égale, mais il donne une liqueur moins colorée que le cidre et plus prompte à se clarifier. Ce moût ni cette liqueur vineuse n'ont point encore été examinés chimiquement.

Vinaigre de groseilles.

On prend des groseilles mûres, on les écrase et on y ajoute trois fois leur poids d'eau; on remue, et, après vingt-quatre heures de repos, on passe et on met dans la liqueur un huitième de cassonade rousse. Lorsque la fermentation est terminée, on obtient un vinaigre

assez fort d'une saveur et d'une odeur très-
agréables.

Vinaigre de framboises.

On opère de la même manière, avec cette
différence que l'on emploie des framboises au
lieu de groseilles.

Vinaigre de primevère.

Dissolvez dans quinze pintes d'eau bouillante six livres de sucre brut, écumez et ajoutez à la liqueur une poignée de primevère,
avec la quantité de ferment nécessaire.

Vinaigre de malt d'Angleterre, ou drèche.

On donne le nom de malt à l'orge secchari-
fié par la germination. Voici la manière de le
préparer : On le laisse infuser dans de l'eau,
pendant deux ou trois jours, et lorsqu'il est
gonflé et ramolli, on fait écouler l'eau et on dépose cet orge sur un plancher, de manière à former une couche d'environ deux pieds d'épaisseur. L'orge s'échauffe bientôt, et la germination s'opère; on l'arrête en rendant cette couche
beaucoup moins épaisse et retournant cette céréale pendant deux jours. On met l'orge en tas,
et, lorsqu'il s'est un peu échauffé, ce qui a lieu
dans environ trente heures, on l'expose dans
une étuve à une chaleur graduelle que l'on
porte jusqu'à 80 °. C'est en cet état qu'il est
connu sous le nom de *malt*, et les petits
germes qui se détachent, sous celui de *tourail-*

lons (1). Lorsqu'on veut obtenir le moût ou sirop de *malt*, on le broie au moulin, on le met dans une cuve munie d'un double fond, on y verse dessus de l'eau chaude à environ 60 c°(2), et on remue ce mélange. Après quelque temps d'infusion, on décante cette eau, qui est connue en Angleterre sous la dénomination de moût doux ou sucré (*sweet wort*). Par de nouvelles infusions on obtient des moûts plus faibles qu'on mêle ordinairement avec le premier. On fait bouillir alors le moût avec du houblon, jusqu'à consistance convenable, si l'on veut faire de la bière; ou bien on l'évapore seul jusqu'à consistance sirupeuse plus ou moins forte. Avec ce sirop on peut préparer un excellent vinaigre. Voici la méthode que l'on suit en Angleterre : je vais rapporter celle que donne Andrew-Ure.

Moût de malt. . 400 litres (3).

Quand sa température est réduite à 24 c°. on y ajoute :

Levûre de bière. . 16 litres.

(1) Les qualités de malt varient suivant qu'il a été plus ou moins trempé, égoutté, germé, séché et chauffé à l'étuve. *Vid. Dict. de Chim.*, du docteur Ure.

(2) Il est bon de faire observer qu'on ne doit point employer de l'eau bouillante, parce qu'on réduirait le malt en pâte, et qu'alors l'eau ne s'écoulerait point.

(3) Ce moût est extrait dans moins de deux heures dans une cuve-matière avec de l'eau chaude de un *boll* de malt.

Un jour et demi après, on introduit cette liqueur dans des tonneaux dont on couvre légèrement les bondes, et que l'on expose, pendant l'été, à l'action des rayons solaires, et pendant l'hiver, à celle d'un poêle. Au bout de trois mois, on obtient un bon vinaigre pour la fabrication de l'acétate de plomb. Il est bien évident que cette opération serait beaucoup moins longue en suivant les divers moyens que nous avons exposés pour celui qu'on prépare avec le vin. Le vinaigre domestique, que les Anglais font avec le malt, est produit par un procédé, à peu de chose près, analogue à celui de Boerhaave.

Vinaigre d'aile.

L'aile est une espèce de bière d'une consistance plus sirupeuse, d'un goût plus sucré, parce qu'elle n'a pas subi une fermentation assez longue pour avoir alcoolisé tout le sucre; elle contient aussi une plus grande proportion de mucilage. Voici la recette qu'en donne M. Mackensie:

Malt. . .	35,23 litres.
Houblon. .	2 livres.
Sucre. . .	3

L'aile, après avoir éprouvé une nouvelle fermentation, et par l'addition d'environ cinq litres de levûre de bière par 100 litres de liqueur, donne un très-bon vinaigre.

On peut aussi, avec le *porter*, la *petite bière*,

là *twopenny*, etc., faire des vinaigres plus ou moins forts.

Vinaigre de chiffons.

Nous devons à M. Braconnot un travail très-intéressant sur l'action de l'acide sulfurique sur le ligneux (1) et sur toutes les substances qui lui doivent leur existence, telles que les bois, le chanvre, les écorces, la paille, les toiles, etc. Ce chimiste a démontré que cet acide les convertissait en une matière gommeuse et en un sucre qui avait beaucoup d'analogie avec celui du raisin. Pour opérer cette conversion, on prend, par exemple, 24 grammes de vieux chiffons de toile bien sèche et coupée en petits morceaux, on les remue dans un mortier de verre en y versant peu à peu 34 grammes d'acide sulfurique concentré, et en remuant constamment. Au bout d'un quart d'heure, on broie bien le mélange, la toile disparaît sans émission gazeuse, et forme une masse mucilagineuse, homogène, peu colorée, tenace, poisseuse, et presque entièrement soluble dans l'eau. En faisant bouillir cette matière mucilagineuse, avec de l'eau, pendant dix heures, elle se trouve presque complètement convertie en un sucre analogue à celui du raisin, qu'on extrait en saturant l'acide contenu dans la liqueur par la craie, filtrant et évaporant la liqueur jusqu'à forte consistance sirupeuse. Dans un jour, la cristallisation commence à s'opé-

(1) Le ligneux est ce qui constitue la fibre végétale

3..

rer, et quelques jours après tout le reste est pris en masse. Pour l'obtenir pur, on le presse entre plusieurs vieux linges, on le redissout dans l'eau, on y ajoute un peu de charbon animal, on filtre et on le fait de nouveau évaporer et cristalliser. Le sucre ainsi obtenu est très-blanc. Vingt grammes de chiffons produisent, d'après M. Braconnot, 23,3 de substance sucrée.

Ce sucre dissous dans l'eau chaude, avec l'addition d'un ferment, donne une liqueur alcoolique qui se transforme bientôt en vinaigre.

Vinaigre radical.

C'est sous ce nom que l'on connaissait jadis le vinaigre pur et concentré qu'on prépare de la manière suivante : On remplit, aux deux tiers, d'acétate de cuivre une cornue en grès, à laquelle on adapte un ballon muni d'une alonge; ce ballon porte un tube long et droit à sa tubulure. On place la cornue dans un fourneau de réverbère, l'on chauffe peu à peu, et la décomposition ne tarde pas à s'opérer. L'acide acétique se partage en deux parties; une de ces parties s'unit à l'oxigène de l'oxide du cuivre et forme du gaz acide carbonique, du gaz hydrogène carboné, de l'eau, et un peu d'une substance particulière très-volatile, à laquelle on a donné le nom d'esprit *pyro-acétique*. L'autre partie d'acide acétique passe à la distillation avec l'eau qui est produite, et se

condense dans le ballon avec l'esprit pyro-
acétique. On doit avoir soin de refroidir le
ballon en l'entourant de linges mouillés. Le
résidu qu'on trouve dans la cornue est un mélange d'un peu de charbon, de protoxide de
cuivre et de cuivre très-divisé. On reconnaît
que l'opération est terminée lorsque la cornue étant portée au rouge obscur, il ne s'en
dégage plus de vapeurs.

Il faut faire attention de bien conduire le
feu, car s'il était trop fort la décomposition
serait trop prompte et tout l'acide ne se con-
denserait pas dans le ballon; s'il ne l'était pas
assez, vers la fin une partie de l'acétate de
cuivre ne serait pas décomposée, ce qui serait
en pure perte.

L'acide acétique ainsi obtenu a une légère
couleur verte qu'il doit à un peu d'acétate
qu'il a entraîné, et dont on le débarrasse en le
distillant dans une cornue de verre, jusqu'à ce
qu'il ne reste presque plus rien dans la cornue (1). C'est ce vinaigre, ainsi préparé dans
les pharmacies, qui est décrit dans les dispen-
saires sous le nom de vinaigre radical. MM. Derosnes se sont livrés à des recherches fort inté-
ressantes sur la théorie de cette décomposi-

(1) Pendant l'opération, il se dépose parfois dans
le col de la cornue de petits cristaux blancs, que
MM. Vauquelin et Vogel ont reconnu être de l'acétate de cuivre. Ces cristaux, mis en contact avec
l'eau, acquièrent la couleur bleue qui caractérise ce
sel.

tion. Nous allons les faire connaître. 20 kil. 3.15 gr. d'acétate de cuivre leur ont donné :

9 kilogr. 943 gr. d'acide coloré en vert.
6   792 de cuivre.
3   580 de substances gazeuses chargées d'un peu d'acide acétique.
_____
20 kil.   315 gram.

Ces chimistes ont recueilli cette quantité d'acide à quatre époques différentes de la distillation, en changeant chaque fois de récipient.

Le premier acide qu'ils ont obtenu était d'une odeur faible et était un peu coloré ; il pesait 2 kil. 754 gr., et marquait à l'aréomètre 9°,5 — 0.

Le deuxième était d'une odeur bien plus forte, et plus coloré. Son poids était de 3 kil. 074 gr. ; il marquait à l'aréomètre 10°,5 — 0.

Le troisième, odeur plus vive et empyreumatique, couleur plus forte ; il pesait 3 kil. 855 gr., et marquait 4° 5 — 0. Il contenait de l'acide pyro-acétique et beaucoup plus d'acide acétique que les deux premiers.

Le quatrième enfin avait une couleur ambrée et une odeur d'acide faible ; il ne contenait point d'oxide de cuivre, pesait 0 kil. 260 gr., marquait 0,5 degré — 0, était plus léger que l'eau, contenait moins d'acide que les trois autres, mais en revanche une grande quantité d'esprit pyro-acétique. MM. Derosnes ont distillé les deux derniers produits à une douce chaleur et en ont séparé la plus grande partie de l'esprit pyro-acétique; l'acide marquait alors de 6 à 7 — 0.

Procédé de M. Pérès.

Comme l'acétate de cuivre est à un prix beaucoup plus élevé que le vert-de-gris et le vinaigre, M. Pérès a proposé, comme moyen d'économie, de prendre du vert-de-gris, de le réduire en poudre et de l'arroser tous les jours avec du bon vinaigre, jusqu'à ce que tout l'oxide de cuivre soit converti en acétate. Si l'on a opéré sur demi-kilogramme de vert-de-gris, on distille le produit avec un kilog. d'acide sulfurique concentré et à une douce chaleur, et l'on obtient par ce moyen plus d'acide acétique que par la méthode ordinaire.

Le résidu, qui se trouve dans la cornue, lavé et évaporé, donne de très-beaux cristaux de sulfate de cuivre; d'où il s'ensuit qu'en opérant ainsi il n'y a rien de perdu.

Il serait même plus économique de faire dissoudre dans le vinaigre le résidu cuivreux obtenu par la préparation du vinaigre radical, en distillant l'acétate de cuivre sans addition.

On peut aussi obtenir l'acide acétique pur, en distillant également l'acétate de plomb, avec l'acide sulfurique, ou tout autre acétate. Il est bon de faire observer que si l'on emploie l'acétate de plomb, le produit contient un peu de ce sel, dont on le débarrasse, en y ajoutant quelques gouttes d'acide sulfurique et le redistillant.

Procédé de M. Lartigue.

M. Lartigue a donné un procédé pour retirer l'acide acétique de l'acétate de plomb. Ce procédé consiste à décomposer ce sel par l'acide sulfurique, étendu d'un peu d'eau, à y ajouter le lendemain de l'oxide de manganèse, à séparer la liqueur qui surnage le sulfate de plomb, à la débarrasser de l'excès d'acide sulfurique par l'acétate de plomb jusqu'à ce qu'il ne se fasse plus de précipité, à filtrer la liqueur et à la distiller.

Procédé de M. Baups.

La méthode de M. Baups consiste à distiller ensemble 16 parties d'acétate de plomb cristallisé, 1 partie de peroxide de manganèse et 9 d'acide sulfurique concentré.

Procédé de Lowitz.

Distillez un mélange de trois parties d'acétate de potasse sur quatre d'acide sulfurique; l'acide qui passe à la distillation contient de l'acide sulfurique dont on le débarrasse en le redistillant avec de l'acétate de barite. L'acide que l'on obtient est si concentré qu'il cristallise dans le récipient. Cette expérience m'a également réussi au moyen de l'acétate de chaux.

Vinaigre distillé.

On distille le vinaigre tant pour l'obtenir décoloré que pour le débarrasser des sels qu'il contient. On y parvient en faisant cette opération dans un alambic bien étamé, ou mieux dans une cornue de verre. Si le vinaigre n'est pas très-ancien, le premier produit est de l'éther acétique uni à de l'alcool; ensuite vient l'acide, qui est d'autant plus fort que la distillation est plus avancée. Cela tient à ce que l'eau est plus volatile que le vinaigre. On arrête la distillation lorsque le résidu a la consistance de la lie du vin. Ce résidu, suivant la remarque de Stahl, est très-fort; on peut le conserver et le réunir à d'autres pour en retirer d'excellent vinaigre. Le vinaigre distillé est peu odorant et peu acide.

Décoloration partielle des vinaigres.

Dans le midi de la France, en Espagne et divers autres lieux, on ne prépare guère que des vinaigres rouges. On les décolore, ou mieux on convertit cette couleur rouge en une couleur ambrée, en ajoutant au vinaigre un vingt-cinquième de son poids de lait chaud, agitant bien la liqueur et la filtrant au bout de quelques jours : le lait, en se coagulant, entraîne la plus grande partie de la matière colorante.

On obtient les mêmes résultats en délayant dans 40 kilogrammes de vinaigre rouge un kilogramme de levain de boulanger, agitant de temps en temps le mélange, et filtrant au bout de quelques jours.

Décoloration totale des vinaigres.

Un grand nombre d'expériences ont démontré le pouvoir décolorant du charbon animal.

Lorsqu'on veut donc décolorer complètement du vinaigre rouge ou jaune, il suffit de l'agiter avec du charbon animal, et de le filtrer au bout de quelques heures. Il est bon de faire observer que le charbon animal contenant du phosphate de chaux; l'acide acétique en dissout une partie, qui se dépose bientôt, en partie, en cristaux. On obvie à cet inconvénient en opérant cette décoloration avec du charbon animal dépouillé de ce phosphate au moyen de l'acide sulfurique étendu d'eau.

Concentration du vinaigre.

Il est plusieurs moyens pour concentrer le vinaigre; les quatre principaux sont, 1° par l'ébullition : l'acide acétique se trouvant moins volatil que l'eau, celle-ci s'évapore la première; voilà pourquoi, lorsqu'on distille le vinaigre, les premières portions sont très-faibles, et le résidu, suivant la remarque de Stahl, est un vinaigre très-fort;

2° En l'unissant aux bases salifiables, desséchant les sels, et les décomposant par un acide qui ait plus d'affinité avec elles que le vinaigre;

3° *Par la gelée.* L'eau que contient le vinaigre se congelant à une température bien supérieure à celle qu'exige le vinaigre, il est évident qu'en opérant la congélation d'une plus ou moins grande quantité de cette eau, on la concentre plus ou moins. Stahl est un des premiers chimistes qui aient recommandé ce moyen, qui fut bientôt l'objet des recherches de

Geoffroy. Lorsqu'on veut concentrer le vinaigre à la gelée, on le met dans un vase à très-large ouverture, et on l'expose, en hiver, à une température de quelques degrés au-dessous de zéro. Si on a opéré le soir, on y trouve le lendemain des glaçons comme neigeux, qu'on enlève soigneusement. On l'expose de nouveau à la gelée; et, si elle est assez forte, on obtient encore de nouveaux glaçons; enfin, en continuant de soumettre le vinaigre à l'action d'un froid plus intense, on congèle peu à peu l'eau, et on finit, d'après Stahl, par le réduire à environ un huitième de son volume (1). En cet état, le vinaigre n'est pas encore dans son dernier degré de concentration, puisque, lorsqu'il se trouve à 1,063, il se prend en une masse cristalline à + cent.°.

4° *Par le charbon.* On réduit en pâte du charbon de bois en poudre avec du vinaigre ordinaire, et l'on distille. L'eau commence d'abord à passer; mais il faut ensuite une température beaucoup plus élevée pour opérer la distillation de l'acide acétique. M. Lowitz, à qui nous devons cette connaissance, assure qu'en répétant cette expérience, on pouvait l'obtenir en cristaux.

(1) *Stahl, Opus. Chim.* Ce chimiste a remarqué que, pendant cette congélation de l'eau, il se précipitait de la crême de tartre; et Lowitz s'est assuré qu'à la température de — 13° cent., l'acide lui-même se congèle ainsi que l'eau. *Vid.* Thomson, *Système de Chimie,* tom. III.

TROISIÈME PARTIE.

VINAIGRE DE BOIS.

On trouve, dans les écrits de quelques anciens chimistes, tels que Paracelse, Vanhelmont, Glauber, Stahl, etc., à travers une foule d'erreurs, la plupart de tradition, la source d'une foule de découvertes et quelquefois des découvertes même qu'on a laissé tomber dans l'oubli. Ainsi, l'on voit dans Aristote qu'une outre enflée pèse beaucoup plus que vide, *utrem inflatum magis quam vacuum ponderis habere;* et que tous les corps, à l'exception du feu, ont du poids, *omnia præter ignem pondus;* Démocrite a annoncé que l'air contenait un principe vital, qu'Hippocrate a nommé *pabulum vitæ,* lequel se fixe dans le corps par la respiration; et Glauber fit connaître que l'acide que l'on retire du bois par la distillation est semblable au vinaigre, *acidum aceto vini simillimum.* Cette donnée de Glauber fut totalement perdue; ce n'est qu'environ trois siècles après, et vers 1785, que l'on a commencé à s'en occuper en Bourgogne ; depuis, l'on a créé diverses fabriques de vinaigre de bois et d'acide pyroligneux, qui est, à proprement parler, ce vinaigre non purifié.

Les premiers travaux réguliers qui ont été exécutés sur la préparation de ce produit sont dus à M. J.-B. Mollerat, directeur des établissemens de Creusot, qui présenta, le 11 janvier 1808, à l'Institut, un mémoire dans lequel il annonce qu'il a formé à Pellercy, près de Nuits, et conjointement avec ses frères, un établissement où ils carbonisent le bois très en grand, dans des appareils fermés, et qu'ils obtiennent pour produits, des goudrons, des vinaigres, du carbonate de soude cristallisé, des acétates d'alumine, de cuivre, de soude, etc. M. Vauquelin, tant en son nom qu'en celui de MM. Berthollet et Fourcroy, en fit un rapport très-favorable à l'Académie royale des Sciences. Depuis cette époque, il s'est établi d'autres fabriques de ce genre à Choisy.

Comme la distillation du bois ne se borne pas à un seul produit, nous allons commencer par la faire connaître, et successivement ces mêmes produits.

Distillation du bois.

L'appareil que nous allons décrire est un de ceux qui sont employés dans les fabriques de Choisy. La plupart de ces appareils ont reçu de légers changemens ; mais, comme ils partent tous d'un même principe, ces variations ne

changent rien à la théorie et fort peu à la pratique de cette opération.

L'appareil de Choisy se compose donc, 1° d'un
fourneau à dôme mobile; 2° d'une chaudière
cylindrique en tôle très-épaisse, et pouvant
contenir une corde de bois, laquelle est munie
d'un couvercle de même métal. On charge cette
chaudière par l'ouverture de ce couvercle,
qu'on y fixe ensuite soigneusement, et on la
descend dans le fourneau au moyen d'une grue,
laquelle sert à la remonter pour la décharger
ensuite du charbon, et la recharger de bois, ou
pour la remplacer par une autre toute chargée.
Cette chaudière et son couvercle doivent être
enduits d'une légère couche de terre à four.

3° A la partie latérale et supérieure de la
chaudière est fortement soudé un tube hori-
zontal, de trois à quatre décimètres de longueur, auquel s'adapte un tuyau en cuivre qui
se courbe, et plonge dans un tonneau plein
d'eau froide, où il s'adapte à une sphère de
cuivre, de laquelle part un tuyau qui va également se rendre dans un autre tonneau rempli d'eau, où il s'adapte à une autre sphère, de
laquelle enfin sort un tuyau qui va se termi-
ner dans le fourneau. Tout étant disposé ainsi,
dès le moment que l'on allume le fourneau, la
carbonisation du bois s'opère, et les produits
liquides et gazeux s'élèvent par le tube hori-
zontal, et se rendent dans la sphère ou la boule
du premier tonneau, pour y être condensés;
et ceux qui peuvent échapper à cette conden-

sation sont liquéfiés dans la boule du second tonneau, tandis que le gaz inflammable, étant porté dans le fourneau, brûle et sert à entretenir la chaleur, pour continuer cette distillation. Lorsqu'elle est terminée, on retire l'acide acétique et le goudron de ces boules, au moyen de deux tuyaux à robinet, dont elles sont munies à la partie inférieure. L'opération est terminée quand il ne se dégage plus de gaz hydrogène carboné.

Nous allons maintenant examiner ces divers produits.

Charbon.

Le charbon ainsi obtenu est beaucoup plus beau que par les procédés ordinaires; il est exempt de fumerons et est de bien meilleure qualité, puisque M. Mollerat assure qu'il évapore un dixième d'eau de plus que le charbon des forêts. Par ce procédé, suivant ce même chimiste, on obtient deux fois autant de charbon que par les procédés ordinaires; et la consommation du bois, dans les foyers de l'appareil, n'est que la huitième partie de celui qu'on veut carboniser. Nous croyons qu'il y a un peu d'exagération dans ce compte. Dans les forêts, il est vrai, on n'obtient que 17 à 18 pour cent de charbon; mais il est rare que, dans la carbonisation à vaisseaux clos, ou, si l'on veut, dans la distillation du bois, cette quantité aille au-delà de 28 à 30. Cette différence dans la quantité du produit tient à l'action qu'exerce l'air lors de la combustion du bois avec son contact, qui en convertit une partie en acide carbonique, etc. Cela est si vrai, que M. Foucault, en se bornant à recouvrir les fourneaux ordinaires des charbonniers d'une cloison en planches ayant une ouverture supérieure, et une latérale recouverte en toile et servant d'entrée à l'ouvrier, retire environ 23 pour cent de très-bon charbon. Cette cloison est préservée de la combustion par l'acide pyroligneux qui en baigne l'intérieur.

Goudron.

Le goudron, obtenu par la distillation du bois, retient une grande quantité d'acide acétique, qui le rend impropre à être employé. On l'en débarrasse en partie, en le lavant bien avec l'eau, et en l'épaississant par le feu ; malgré cela, il retient encore assez d'acide pour être attaqué par l'eau. M. Mollerat, d'après des essais qui ont été faits au canal de Bourgogne, dit qu'uni à un cinquième de résine, ce goudron est aussi bon que les autres. Cent livres de bois en donnent environ de sept à huit centièmes.

Acide pyroligneux.

C'est sous ce nom que l'on connaît les produits liquides de la distillation du bois, et qui, d'après les recherches de M. Colin, sont un mélange d'acide acétique, d'esprit pyro-acétique et d'huile empyreumatique. Cet esprit pyro-acétique paraît dû à la décomposition des acétates qui existent dans le bois.

L'acide pyroligneux est d'un jaune rougeâtre, et plus ou moins étendu d'eau suivant le degré de siccité du bois; pour être du vinaigre, ou mieux de l'acide acétique pur, il doit être débarrassé de toutes ces substances étrangères. En cet état, il est cependant employé pour préparer l'acétate de fer dont on fait maintenant un si grand usage dans la teinture pour la chapellerie. On l'applique aussi à la conservation des viandes, comme nous le dirons ailleurs.

MM. Colin et Berzélius se sont occupés de la perfection de cet acide. Le procédé du premier ne nous paraît pas applicable aux arts à cause de son prix élevé : nous allons faire connaître celui du second; quant à celui de M. Stolze, nous nous bornerons à dire qu'il consiste à traiter le vinaigre avec de l'acide sulfurique, du manganèse et de l'hydrochlorate de soude, et à le distiller ensuite sur ces substances.

M. Berzélius a fait, comme nous venons de le dire, des recherches sur la purification de l'acide pyroligneux, qu'il a communiquées à l'Académie royale des Sciences de Stockholm. Il est parvenu à le dépouiller entièrement de son huile empyreumatique, et de ces mêmes goût et odeur, en se bornant à le mêler avec un peu de ce charbon animal qu'on obtient pour résidu de la fabrication du bleu de Prusse, lors de l'extraction de l'hydrocyanate ferruré de potasse. Cet acide, ainsi traité et filtré, est incolore et inodore. M. Berzélius y a ajouté une quantité d'eau sans y développer cette odeur ; enfin, il a conservé de cet acide, ainsi dépouillé, pendant cinq mois, dans un vase ouvert, sans que le moindre indice d'odeur empyreumatique se soit manifesté. Il serait très-important d'étudier jusqu'à quel point le charbon animal retiré des os jouit de la même propriété : ce serait une grande amélioration à faire subir à cette opération.

De l'acétate de soude et de la conversion de l'acide pyroligneux en acide acétique.

Dans quelques fabriques on distille d'abord l'acide pyroligneux pour en séparer la plus grande partie du goudron et de l'huile empyreumatique qu'il contient. Dans le plus grand nombre on le sature à froid par le carbonate calcaire, en ayant soin de bien enlever l'écume noirâtre qui se forme ; on fait bouillir ensuite la liqueur, et on en complète la saturation au moyen de la chaux délitée. On décompose ensuite cet acétate de chaux par le sulfate de soude, et l'on obtient du sulfate de chaux insoluble et de l'acétate de soude soluble. Quand la liqueur s'est éclaircie, on la décante, et par l'évaporation à forte pellicule elle se prend, par le refroidissement, en masse ou cristaux salis par le goudron. On fait éprouver à ces cristaux la fusion ignée pour volatiliser et charbonner le goudron ; on le redissout alors dans l'eau, on filtre, et l'on obtient par l'évaporation un acétate de soude presque pur. Je dis presque pur, puisque l'expérience a démontré qu'il y avait une partie d'acétate de chaux qui échappait à la double décomposition.

Lorsqu'on veut retirer l'acide acétique de ce sel, on le dissout dans une quantité donnée d'eau, et on y ajoute suffisante quantité d'acide sulfurique qui s'unit à la soude de l'acétate, et met l'acide acétique à nu, et d'autant plus concentré, qu'on a dissous ce sel dans une moindre quantité d'eau. Le poids spécifique de celui des fabriques de Choisy est de 1,057 ; il sature environ 0,3 de sous-carbonate de soude sec ; on le reçoit dans des vases en argent. Quant aux autres opérations, on fait celles qui ont lieu avant la cristallisation, dans des vaisseaux en fonte ou en tôle, et les autres dans des vases de cuivre bien étamé, de verre ou de grès.

Lorsqu'on a décomposé l'acétate de soude par l'acide sulfurique, le sulfate de soude cristallise presque entièrement ; on doit donc décanter l'acide acétique qui n'est pas bien pur, puisqu'il contient plus ou moins de sulfate de soude, et le distiller dans des cornues de verre, de grès ou d'argent. L'acide acétique ainsi obtenu est incolore, très-pur et plus ou moins concentré ; il est en tout semblable au vinaigre radical. Pendant cette distillation, il se forme

...3

un produit particulier, transparent, d'une odeur
vive et éthérée, d'une saveur forte et comme
poivrée; évaporé sur la main, il développe
une odeur térébinthinacée; par sa distillation
avec l'hydrochlorate de chaux, sa densité est
de 0,828, et il bout à 65°,5 c°. L'alcool s'unit à
ce liquide en toutes proportions. Son analyse,
faite au moyen de l'oxide de cuivre et compa-
rée à celle de l'alcool et de l'esprit pyro-acétique, donne :

Carbone. . . 44,53
Oxigène. . . 46,31
Hydrogène. . . 9,16

On pourrait conclure de ces faits qu'il existe
au moins deux fluides végétaux simples autres que l'alcool, et jouissant, comme lui, de
la propriété de donner, avec l'acide acétique,
des produits éthérés; ces deux fluides ont été
désignés par les noms d'esprit *pyro-acétique* et
d'esprit *pyro-xilique*. *Vid.* les Ann. de l'Indust.
nat. et étrang., fév. 1825.

M. Mollerat présenta quatre qualités de vinaigre à l'Institut.

Le premier, dit *vinaigre simple*, était incolore, très-clair, transparent, odeur acétique
bien prononcée, et marquait 2 degrés à l'aréomètre pour les sels à 12 c°.

Le second, *vinaigre aromatique*, ne différait
du précédent que parce qu'il avait été aromatisé au moyen de l'estragon.

Le troisième, *vinaigre vineux*, avait la même

densité des précédens ; il avait une odeur éthé-rée qu'il devait à l'alcool qu'on y avait ajouté.

Le quatrième, *vinaigre fort.* Cette qualité avait une odeur très-vive et une saveur acide très-forte. Il marquait 10 degrés ½ à l'aréomè-tre. C'est avec cette qualité et l'addition de l'eau pure que l'on fait les vinaigres de table qu'ils livrent au commerce.

Sous-carbonate de soude préparé avec l'acide pyroligneux.

On sature l'acide pyroligneux de chaux ; on enlève l'huile empyreumatique et le goudron qui surnagent, et l'on décompose l'acétate de chaux qui en résulte, par le sulfate de soude. Le sulfate de chaux se précipite, et l'on fait cristalliser l'acétate de soude en évaporant la liqueur jusqu'à forte pellicule. Ce sel, desséché et calciné sur la sole d'un fourneau à réver-bère, est décomposé et converti en sous-carbo-nate de soude, qu'il suffit de lessiver et de faire évaporer convenablement pour l'obtenir en cristaux très-purs.

Méthode anglaise pour la préparation du vi-naigre de bois de la grande fabrique de Glascow.

L'appareil anglais consiste en une série de cylindres de fonte, placés horizontalement sur un massif de fourneaux, construits en briques,

et de telle façon que la flamme puisse les en-
tourer. Ces cylindres dépassent le fourneau de
chaque côté. On adapte solidement à l'une des
extrémités de ces cylindres un disque de fonte
du milieu duquel sort un tube en fer, ayant
six pouces de diamètre et entrant, à angle
droit, dans un autre tube dit de *réfrigération*,
lequel a jusqu'à 14 pouces de diamètre, suivant
le nombre des cylindres.

L'autre extrémité du cylindre, qui est connue
sous le nom de bouche, est fermée par un disque de fer fixé en place par des coins, et en-
touré d'un lut d'argile. La charge de chacun
de ces cylindres est ordinairement de 400 kil.
de bois durs, comme le chêne, le frêne, le hêtre, etc., en excluant les bois tendres, tels que le
sapin. Quand le feu des fourneaux est allumé,
on l'entretient ainsi pendant tout le jour ; on
laisse refroidir l'appareil la nuit, et le lendemain on en tire le charbon par les bouches qui
servent aussi à le recharger.

La quantité d'acide pyroligneux retiré de
400 kil. de bois est de 130 kil., et son poids
spécifique est de 1,025 ; et le charbon n'excède
pas 20 kil. pour 100 ; et cependant M. le
comte de Rumford évalue le poids à plus de
40 kil. pour 100 (1). D'après ce calcul, il y aurait, dans la fabrique de vinaigre du bois de

(1) D'après cet exposé, il est évident que les procédés anglais sont bien inférieurs à ceux qui sont
usités en France.

Glascow, près de la moitié du bois distillé réduit en substances gazeuses. On rectifie l'acide pyroligneux en le distillant dans un alambic de cuivre, où il laisse pour résidu environ 0,2 d'une matière goudronneuse. L'acide obtenu est brun, transparent, d'une odeur empyreumatique et d'un poids spécifique de 1,013. On redistille ce vinaigre, on le sature par la chaux, on évapore à siccité cet acétate calcaire, et on le calcine suffisamment pour brûler ou volatiliser le goudron. On prend alors 100 parties de cet acétate de chaux, on emploie 60 parties d'acide sulfurique à 66 que l'on étend de 3 à 5 parties d'eau, suivant le degré de concentration qu'on veut lui donner. Après un jour de digestion, on filtre le vinaigre pour le séparer du sulfate de chaux, et pour l'avoir dans un plus grand état de pureté, on le distille. Si l'on a ajouté 5 parties d'eau à l'acide sulfurique, le vinaigre obtenu peut être appliqué à l'usage journalier.

Après avoir exposé le mode de fabrication du vinaigre de bois, nous croyons utile de faire connaître lés frais divers d'établissement d'une *vinaigrerie* semblable, tant en France que dans l'étranger. Nous les extrairons du *Bulletin des Sciences technologiques* de M. de Férussac, de l'ouvrage de M. de Chabrol sur le département de la Seine, de celui de M. Hermbstadt sur la fabrication de l'acide pyroligneux, etc.

FRAIS D'ÉTABLISSEMENT

D'une fabrique de vinaigre de bois et des produits qui en dépendent.

Les calculs suivans, sur la quantité d'acétate de plomb que peut produire l'acide acétique tiré d'un moule de bois, sont basés sur un travail de quatre mois : chaque moule a donné 7 kilogrammes de ce sel. Le moule est une mesure en usage en Bourgogne ; il représente 64 pieds cubes de bois, c'est-à-dire un cube de 4 pieds de côté.

Les autres bases dérivent de la même source, mais elles sont prises sur un tableau où s'inscrivent jour par jour la consommation et la production : par exemple, il entre exactement 56 pour 100 de plomb dans l'acétate, et il faut pour 100 du même sel, 36 d'acide sulfurique.

Pour travailler utilement, il convient d'opérer sur 2,500 à 3,000 moules, hêtre (à distiller). En partant de cette donnée, les bâtimens nécessaires à la fabrique consistent en :

1° Un bâtimen pour la distillation du bois.	6 à 7,000 f.
Idem. pour purifier l'acide pyroligneux. . . .	12 à 15,000
	18 à 22,000

R·port.   18 à 22,000 f.

3º Un bâtiment pour l'oxide de plomb
    et le sulfate de cuivre.   5 à 6,000

4º *Id.* pour vinaigre de table,
    acétate de soude, de
    plomb, de cuivre et
    vert de Schéele. . . 15 à 16,000

5º Un hangar pour magasin à char-
    bon, etc. . . . . 4 à 5,000

Maximum, total.   49,000

Pour les appareils.

1º pour la distillation du bois. . . . . 22,000 f.

2º pour la purification de l'acide pyroligneux. 16,000

3º pour les acétates de soude, plomb et
 cuivre. 11,000

4º pour le sulfate de cuivre. 3,500

5º pour le vinaigre de table. 2,500

6º pour le vert de Schéele. 4,000

L'atelier tout monté coûterait de 100,000 à 110,000 fr.; il consommera et produira ce qui est spécifié ci-après :

1º *Dépenses.*

	francs.	francs
75,000 fagots. . . . . . . à 8 le %		6,000
2,500 moules, hêtres. . . 18		45,000
70,000 kil. d'acide sulfurique. à 40 f. les % kil.		28,000
8,000 hectolitres, houille. . . 2		16,000
87,500 kilog. de plomb. . . 75		65,625
		160,625

	francs.	francs.
Report.		160,625
9,000 kilog. de cuivre. . .	à 265 les % kil.	23,850
9,000 kilog. de soufre. . .	30	2,700
7,200 kilog. d'arsenic. . .	110	7,920
45,000 kilog. de sulfate de soude.	20	9,000
200 pièces de chaux.. . . .	6	1,200
50 cordages.	40	2,000
Éclairage des ateliers.. . .		3,000
60 manœuvres...	540 l'an.	32,400
12 charpentiers, maçons, forgerons, poêliers, tonneliers, etc.	800 l'an.	9,600
Entretien de l'atelier, réparations, etc.		20,000
Total.		272,295

2° Produits.

	francs.	francs.
156,000 kilog. d'acétate de plomb. . .	à 160 les % kil.	249,600
18,000 kilog. de vinaigre de table.	2	36,000
12,000 kilog. de verdet. .	3	36,000
12,000 kil. de vert de Schèele	4	48,000
800 tonn. charbon de bois.	325	26,000
2,500 grosse braise. . . .	2	5,000
800 mesures de cendres. .	150	1,200
300 tonn. sulfate de chaux. .	2	600
Total.		402,400

Nous allons joindre ici les tableaux que M. de Chabrol a publiés dans son ouvrage sur le département de la Seine, sur la fabrication de l'acide pyroligneux et des acétates de fer et de soude. Ces tableaux nous donneront une idée approximative de la nature de ces établissemens, et des bénéfices que l'on peut espérer d'en recueillir, en supposant qu'aucun événement imprévu ne vienne augmenter les frais d'exploitation, ni diminuer la valeur des produits.

Fabrication de l'acide pyroligneux

| | ÉTABLISSEMENS. | | | DÉPENSE ANNUELLE DE FABRICAT... | | | | | |
| | | VALEUR | | MAIN-D'ŒUVRE. | | Matières premières. | FRAIS GÉNÉRAUX | | Vente. |
Situation des établissemens.	Nombre des établissemens.	Foncière ou capital de location, à 50,000 fr. par établissement.	Mobilière des établissemens à 15,000 f. par établissement.	Nombre des ouvriers.	Prix moyen de la journée de travail.	Bois de menuise.	Entretien, réparations, éclairage, frais de bureau, à 6,000 fr. par établissement.	Transport des matières et des divers produits.	Commission sur le charbon, à pour %
		francs.	fr.		fr.	décastères.	fr.	fr.	fr.
Choisy. Chenevières. Port-à-l'Anglais.	1 1 1	150,000	45,000	15	2	12,50			
Total.	3	195,000							
	Intérêts de la valeur foncière et mobilière des établissemens à raison de 6 pour % l'an.			Salaire total des ouvriers, à raison de 350 jours de travail.		Au prix moyen de 75 fr. le décastère.			3,432
	11,700 f.			9,900 f.		93,750	18,000	11,500	39,
	11,700 f.			9,900 f.		93,750			68,71

...ON.	Total général de la dépense annuelle de fabrication.	RECETTE. PRODUITS FABRIQUÉS.				Valeur totale des produits.	Bénéfice résultant de la comparaison du montant de la dépense totale avec celui de la valeur totale des produits.
...harbon. Déchargement, mesurage, location et octroi à 1 f. 34 c. par voie,		Acide pyroligneux.	Goudron.	Charbon.	Poussier de charbon.		
fr.	fr.	hectol.	hectol.	hectol.	sacs.	fr.	fr.
		13,500	3,000	46,000 ou voies 23,000	4,000		Soit : 1° A l'égard de la valeur totale des produits, à 16,46 p. %.
		Au prix moyen de 2 fr. 50 cent. l'hectolitre.	Au prix moyen de 5 fr. l'hectolitre.	Au prix moyen de 7 fr. 20 cent. la voie.	Au prix moyen de 1 fr. 50 cent. le sac.		2° A l'égard du montant des fonds accessoires à l'exploitation de ce genre d'industrie, et que l'on évalue à 500,000 f. 72,57 p. %.
35,780							
1/2		33,750	15,000	165,600	6,000		
	184,062	220,350 fr.				220,350	36,288

Emploi de l'acide pyroligneux pour la

ABL ISSEMENS.	DEPENSE DE FABRICATION.					
	MAIN-D'ŒUVRE.		MATIÈRES			Accessoires à la fabrication.
			Premières.			
our mémoire seulement.	Nombre des ouvriers.	Prix moyen de la journée de travail.	Acide pyroligneux.	Sulfate de soude.	Craie.	Ferraille de tôle, tournure de fer.	Houille.
		fr.	hectol.	kilogr.	kilogr.	kilogr.	vcies.
Les trois briques d'acide pyroligneux.	18	2	13,500	202,000	150,000	16,000	400
	Salaire total des ouvriers, à raison de 330 jours de travail par an.		Au prix moyen de 2 fr. 50 cent. l'hecto-litre.	Au prix moyen de 40 f. les 100 kil.	Au prix moyen de 6 fr. les 100 kilogr.	Au prix moyen de 24 fr. les 100 kilogr.	Au prix moyen de 50 fr. la voie.
	11,880 fr.		33,750 f.	80,800 f.	900 fr.	5,840 f.	20,000 f.
	11,680			119,290 fr.			20,000

fabrication des acétates de fer et de soude.

Frais généraux. — Eclairage, usé des ustensiles, frais divers, etc., à 4,000 f. par établissement.	Total de la dépense annuelle de fabrication.	RECETTE.		Valeur totale des produits fabriqués.	Bénéfice résultant de la comparaison du montant de la dépense totale avec la valeur totale des produits fabriqués.	
		PRODUITS FABRIQUÉS.				
		Acétate de soude.	Acétate de fer à 15°.			
fr.	fr.	kilogr.	kilogr.	fr.	fr.	Soit : 1° A l'égard de la valeur totale des produits, à 15,40 pour %; 2° A l'égard du montant des bois nécessaires à l'exploitation de cette branche d'industrie, et que l'on évalue à 50,000 f. 73,66 p. %.
		240,000	160,000			
		Au prix moyen de 75 fr. les 100 kil.	Au prix moyen de 12 fr. 50 cent. les 100 kilogr.			
		180,000 f.	20,000 f.			
22,000 f.	163,170	200,000 fr.		200,000	36,830	

OBSERVATIONS.

Matières premières.

Le bois dit de *menuise* se tire principalement du département de la Nièvre.

Produits chimiques.

Le *goudron* est vendu aux marchands du sel destiné aux fabriques de soude.

Le *charbon* est employé aux travaux chimiques et économiques. Il est plus léger et dure moins au feu que celui que l'on obtient par les procédés ordinaires; mais il a, sur ce dernier, l'avantage d'être parfaitement brûlé, de s'allumer plus promptement, de contenir moins d'acide carbonique, et d'être exempt de fumerons.

L'acide pyroligneux est employé soit à la fabrication du vinaigre, soit à celle des acétates de fer ou de soude, dans la fabrique même.

L'acétate de soude, décomposé par le feu, donne le sous-carbonate de soude, et, par l'acide sulfurique, l'acide acétique, avec lequel on prépare, dans les mêmes établissemens, les acétates d'alumine, de cuivre et de plomb.

L'acétate de fer, dit *bouillon-noir*, fabriqué avec l'acide pyroligneux, est liquide et marque 15° à l'aréomètre de Baumé; il est employé pour la teinture en noir, et surtout pour les chapeaux en feutre.

Ces diverses préparations augmentent les dépenses et les produits des fabriques des

acides pyroligneux dans des proportions suffisantes pour élever à 500,000 francs le montant
de toutes ces fabrications.

Nous allons maintenant exposer un compte
comparatif des fabriques d'Allemagne; nous
l'extrairons d'une notice très-intéressante que
M. G*** a donné du travail de M. Hermbstadt
sur ce sujet.

*Expériences sur la fabrication de l'acide pyro-
ligneux, sur son épuration et sa conversion en
acide acétique, par Hermbstadt.*

L'appareil dont se sert l'auteur est une espèce d'alambic en fonte, avec un chapiteau en
cuivre, étamé intérieurement, et qui débouche
dans un réfrigérant de Geddasch; il brûle de
la tourbe, chauffe d'abord modérément, augmente peu à peu la chaleur, et la pousse jusqu'au rouge, afin de chasser tout le goudron, et
de n'obtenir pour résidu que du charbon pur.

« Voici, dit-il, les résultats comparés de plusieurs années ; j'ai cherché à établir là-dessus
un calcul qui puisse servir de terme de comparaison à de plus grandes quantités.

» Vingt-quatre livres de hêtre blanc (la livre
de 32 onces) ont produit :

1° En 1820,

	liv.	onc.
Acide pyroligneux.	13	24
Goudron.	2	20
Charbon.	6	16
Déchet par les gaz.	1	4
Total.	24	

2° En 1821,

Acide pyroligneux.	14 liv.	4 onc.
Goudron. . . .	1	24
Charbon. . . .	6	8
Déchet par les gaz.	1	28
Total. . . .	24	00

3° En 1822,

Acide pyroligneux.	14 liv.	8 onc.
Goudron. . . .	1	20
Charbon. . . .	5	24
Déchet par les gaz.	2	12
Total. . . .	24	00

4° En 1823,

Acide pyroligneux.	13 liv.	30 onc.
Goudron. . . .	1	30
Charbon. . . .	5	28
Déchet par les gaz.	2	8
Total. . . .	24	00

» Quatre distillations, faites pendant quatre années de suite, avec quatre espèces différentes de hêtre blanc, ont donné pour 96 livres de bois (la livre de 32 onces),

Acide pyroligneux.	56 liv.	2 onc.
Goudron. . . .	7	30
Charbon. . . .	24	12
Déchet par les gaz.	7	20
Total. . . .	96	00

» Combustible employé pour ces quatre distillations, $\frac{1}{32}$ de toise de tourbe, laquelle, estimée à 15 thalers le tas, coûte 2 ¼ groschen ; d'après quoi l'on peut établir le calcul suivant :

» Selon Hartig, la mesure de bois de Berlin est de 400 toises, et la toise de 108 pieds cubes ; les intervalles comportent ¼ du volume : ainsi l'espace compris par la mesure de bois sera ($108 \times 4,5$) — $121,5 = 364,5$ pieds cubiques. Le pied cubique de Brandebourg, en bois de hêtre, pèse 57 livres ; ainsi le poids absolu de la mesure de bois ci-dessus est de $364,5 \times 57 = 20776,5$ livres. 96 livres de ce bois fournissant 56 livres d'acide pyroligneux brut, une mesure fournira 11, 119 ⅝ livres ; ce qui donne 4, 039 ⅞ quarts de Berlin, ce quart pesant 3 livres.

» La dépense sera :

	rthlr.	gr.	pf.
Une mesure de hêtre coût.	25	0	0
Tourbe, 6 ¼ toises à 5 rthlr.	31	6	0
Détérioration des outils compensée.	4	12	0
Total. . . .	60	18	0

En estimant seulement le quart de cet acide vendu à 8 pf., les 4,039 ⅞ quarts donnent un produit de . . . . . 112 rthlr. 5 gr. 3 pf.
Déduisant. 60 18 0

Reste un bénéfice net de. . 51 11 3

» Quant au charbon produit par les 96 livres

de bois, il pesait 24 livres 12 onces ; ce qui ferait 5,275 livres pour une mesure de bois pesant 20, 776, 5 : en comptant la mesure de charbon à 75 livres poids, cela fait 70 mesures, qui, à 6 groschen la mesure, font 17 rthlr., qui, ajoutés aux 51 rthlr. 11 gr. 3 pf., donnent une somme totale de 68 rthlr. 23 gr. 3 pf., de profit, ou 69 rthlr. Le goudron produit par cette opération ne peut pas entrer en ligne de compte, n'étant jusqu'à présent reconnu propre à aucun emploi déterminé.

»J'emploie le procédé suivant pour épurer l'acide pyroligneux brut et le mettre à l'état d'acide acétique. D'abord on le filtre au poussier de charbon, pour en séparer toutes les parties oléagineuses. Ensuite j'ajoute 1 de poussier de charbon ; je le distille de nouveau dans un alambic en cuivre, à chapiteau étamé et à réfrigérant ; le liquide acquiert par cette distillation une couleur d'un jaune clair, et, pour ne pas perdre le résidu, on le joint à une autre distillation de bois. On ajoute ensuite à cet acide suffisamment de chaux pour qu'il soit entièrement neutralisé ; il s'en sépare encore une légère couche d'huile. On filtre le liquide neutralisé, et on y joint du sulfate de soude ou sel de Glauber, jusqu'à ce que l'acétate de chaux soit entièrement décomposé, c'est-à-dire jusqu'à ce qu'une dissolution de sel de Glauber ne trouble plus le liquide : on laisse reposer, on décante, et on fait évaporer dans une chaudière de fer. Le résidu est mis ensuite dans une chaudière plate, et traité par le feu jusqu'à ce qu'il soit réduit à un état carbonacé, qu'il ne donne plus de fumée, et que, mis dans l'eau, il offre une dissolution limpide. On lessive cette masse à l'eau froide, et le liquide filtré est soumis à l'évaporation jusqu'à ce que 56 livres d'acide brut ou 18 ⅔ quarts soient réduits à 13 quarts. On ajoute 8 onces de manganèse pulvérisé ; on distille dans une cornue jusqu'à siccité, et on obtient 12 quarts d'acide acétique fort et pur, que l'on peut étendre, pour l'usage ordinaire, de 4 quarts d'eau. Le résidu, qui reste dans la cornue, est du sulfate de soude, ou de potasse, mêlé avec du sulfate de manganèse.

» On peut donc, pour une mesure de bois de hêtre, déduire les résultats suivans :

» 4,039 ⅞ quarts d'acide pyroligneux brut coûtent en bois, en combustibles et en détérioration d'instrumens, 60 rthlr. 12 gr. ; il reste donc encore 43 rthlr. 6 gr. pour ces 4,039 ⅞ quarts d'acide brut. Il faut ajouter à cette somme, pour l'épuration de ces 4, 039 ⅞ quarts :

Tourbe pour rectifier l'acide.	15 rthlr.	0 gr.	0 pf.
Charbon pour épurer. . .	3	0	0
Chaux pour saturer. . . .	1	12	0
Combustibles pour évaporer et filtrer la masse. . . .	5	0	0
	24	12	0

	24	12	0 pf.
Acide sulfurique pour décomposer 165 liv., à 2 ½ gr.	17	4	6
Manganèse, ...	3	0	0
Pour la distillation. . . .	5	0	0
Instrumens et leur détérioration.	10	0	0
	59	16	6
A ajouter. . .	43	6	0
En tout.	102	22	6

»On obtient de là 2,597 quarts d'acide acétique fort; ce qui met le quart de Berlin à 11 ⅓ pfenning. En l'étendant avec ⅓ d'eau, pour le rendre potable, le quart ne coûte plus que 7 ⅔ pfenning.

»La tonne de vinaigre de drèche, à 100 quarts de Berlin, coûte 4 rthlt. courant, et par conséquent le quart 11 ½ pfenning. Mais communément le vinaigre de bois contient une fois autant d'acide que le vinaigre de drèche; ainsi, si la tonne du premier se vend 4 rthlr., le fabricant gagne 1 rthlr. 4 gr. sur chaque tonne.

»Ainsi la possibilité de tirer de l'acide acétique pur de l'acide pyroligneux, et l'utilité de ce procédé sous le rapport des frais de fabrication, sont incontestablement démontrées.

» Les résultats de mes expériences avec du chêne et du hêtre présentent très-peu de différence; mais ces résultats seraient bien plus avantageux si l'on coordonnait la fabrication du vinaigre avec celle du goudron.»

Du degré de concentration des vinaigres, et des moyens propres à le reconnaître.

Les vinaigres obtenus soit par la fermentation acétique, soit par la carbonisation du bois, ont un degré de force qui est relatif à la quantité de matière sucrée contenue dans la liqueur en fermentation, ou bien à la quantité d'eau dont est étendu l'acide sulfurique que l'on fait agir sur l'acétate de soude. Le moyen de reconnaître ce degré de force serait très-aisé, si la densité de l'acide acétique augmentait ou décroissait par la soustraction ou l'addition de l'eau. M. Mollerat (1), qui s'est livré à une série d'expériences très-curieuses sur ce sujet, a démontré que la densité de l'acide acétique n'était pas une preuve de sa force. Ainsi, deux qualités d'acide acétique numérotées 1 et 2 marquaient également 9 à l'aréomètre pour les sels de Baumé, à la température de 12° 5 + 0 R., et leur poids spécifique était de 106,30. Cependant, malgré leur similitude;

N° 1 était composé de 0,87125 d'acide acétique;
0,12875 d'eau.

1,00000

Cent parties saturaient 250 parties de sous-carbonate de soude cristallisé. Cet acide cris-

(1) Observations sur l'acide acétique; *Annales de Chimie*, tom. LXVIII.

tallisait entre 10 et 11 + 0 R., et fondait difficilement même à 18º : c'est le plus pur que
M. Mollerat ait pu obtenir.

No 2 était formé de 0,41275 d'acide,
et 0,58725 d'eau.

1,00000

Cent parties ne saturaient que 118 parties de
sous-carbonate de soude cristallisé. Cet acide
ne cristallisait pas à plusieurs degrés au-dessous de 0.

Il est aisé de voir qu'en soumettant l'acide
acétique à l'examen par l'aréomètre, les nos 1
et 2 marqueront la même force, quoique le
dernier soit un composé de cent parties du
no 1 sur 112,2 d'eau (1). Si cette quantité d'eau
est moindre, la densité de cet acide augmente ;
à son *maximum*, elle est de 1,080 ; il contient
alors un peu plus du tiers d'eau en poids. *Voy.*
les propriétés de l'acide acétique, page 25.

Pour rendre ces notions plus claires, nous
allons retracer le tableau des mélanges, fait par
M. Mollerat.

(1) Cette similitude de densité, quoiqu'il y ait une
grande quantité d'une liqueur beaucoup plus dense
que l'autre, nous paraît dépendre de ce que ces deux
liqueurs, en s'unissant, acquièrent divers degrés de
dilatation, desquels dépendent ces variations de densité.

TABLEAU

Des expériences faites sur 110 grammes d'acide
acétique n° 1, marquant à l'aréomètre 9° +
0 R.; poids spécifique 106,30; sa richesse
étant la saturation de 250 sous-carbonate de
soude cristallisé sur 100 d'acide.

	Eau ajoutée.	Aréomètre.	Poids spécifique.
1.	10 gram.	10,6.	107,42
2.	12	11	107,29
3.	10	11,3	107,91
4.	10,5	10,9	107,63
5.	12,0	10,6	107,42
6.	11,5	10,4	107,28
7.	31	9,4	106,58
8.	11	9	106,37
9.	37	9	106,30

Chaque addition d'eau, dans le mélange,
élève la température; à chaque fois, on la laisse
redescendre à 12° 5.

M. Mollerat s'est convaincu que :

1° L'ascension de l'aréomètre indique la force
de l'acide acétique, jusqu'à ce que le mélange
soit formé de

Acide acétique.   0,67,25614
Eau.   0,32,74386

Ce terme est marqué sur l'aréomètre par 11°,
3 à la température de 12,5 + R., et le poids
spécifique 10,791.

2° La force de ce même acide depuis 11,3
se reconnaît par l'abaissement régulier de l'a-
réomètre dans le mélange.

En Angleterre on fait usage d'un acétomètre en verre, d'après Farenheit. Cet instrument se compose d'une boule d'environ trois pouces de diamètre, au-dessous de laquelle on en trouve une autre petite lestée par du mercure ou du plomb. La première boule est surmontée d'un tube en verre de trois pouces de long, contenant une bande de papier sur le milieu de laquelle est tracée une ligne transversale. Cette ligne est surmontée d'une petite coupe pour recevoir les poids. Les expériences qui ont servi à la construction de cet acétomètre se rapprochent beaucoup de celles de M. Mollerat.

L'acétomètre de MM. Taylor a pour base les degrés de force d'un acide de preuve, appelé par le manufacturier n° 24.

Poids spécifiques.	Acide réel en 100 parties.
1,0085.	5
1,0170.	10
1,0257.	15
1,0320.	20
1,0470.	30
1,0580.	40

Acétomètre des marchands de vinaigre de Paris.

Cet instrument se compose de deux boules : l'inférieure, qui est la plus petite, est lestée avec le mercure ; la supérieure est cylindrique, elle a environ un pouce et demi de longueur sur deux de circonférence. Elle est surmontée d'un tube très-délié d'environ trois pouces et demi de longueur. Ce pèse-vinaigre se compose seulement des 4 premiers degrés du pèse-acide ; le o en haut de la tige indique l'eau ; le chiffre 1, un degré du pèse-acide ; il en est de même des 2ᵉ, 3ᵉ et 4ᵉ chiffres.

Ces quatre degrés, avons-nous dit, sont chacun divisés en dixièmes (qui par conséquent sont des dixièmes de degrés du pèse-acide) ; ainsi, par exemple, s'il enfonce dans le vinaigre jusqu'à 2 (en encre rouge) plus 5, on dira : ce vinaigre pèse 2 degrés 5 dixièmes. Or, comme les vinaigres de table diffèrent peu par leur concentration, cet instrument, tout défectueux qu'il est, sert aux marchands comme d'un moyen approximatif. J'ai examiné un grand nombre de vinaigres du commerce, et j'ai trouvé qu'ils marquaient, terme moyen, 2 degrés 5 à ce pèse-vinaigre, ce qui équivaut à 3 degrés du pèse-sels de Baumé. J'avais terminé cet examen, lorsque je voulus m'assurer s'ils ne contenaient pas d'acide sulfurique ; je suis forcé d'avouer que j'en ai rencontré dans quatre d'une manière bien sensible.

Le poids spécifique moyen du vinaigre de bois, destiné à la préparation des alimens, est de 1,009 ; en cet état, son degré d'acidité est le même que celui du vinaigre de vin de 1,014. Ces vinaigres, sous le même poids spécifique, contiennent chacun cinq centièmes d'acide acétique absolu, et quatre-vingt-quinze d'eau.

D'après tout ce que nous avons exposé, il est bien évident que les pèse-vinaigres sont des moyens inexacts pour déterminer la force acide des vinaigres. M. Descroizilles, auquel les arts chimiques et industriels doivent plusieurs instrumens et plusieurs procédés importans, en avait imaginé un pour reconnaître la force des alcalis par la quantité d'acide qu'ils peuvent neutraliser. Cet habile chimiste, convaincu de l'infidélité des pèse-vinaigres, fit la même application à l'acide acétique que celle qu'il avait faite aux alcalis, avec cette différence que, dans l'essai des soudes ou potasses, il remplit son alcalimètre d'une liqueur acide (acide sulfurique), tandis que dans l'acétimètre il introduit une solution de soude, avec laquelle il sature le vinaigre à essayer. Les détails dans lesquels M. Descroizilles est entré pour décrire son acétimètre n'étant pas susceptibles d'analyse, nous allons les rapporter tels qu'il les a exposés dans sa Notice sur le *polymètre chimique*. Nous nous bornerons à dire que l'acide acétique le plus concentré que l'on ait pu obtenir contient, d'après M. Thénard, 11,92 d'eau, et 1,88,08 d'acide acétique réel ; son poids spécifique est de 1,063, et il exige pour se saturer deux parties et demie de sous-carbonate de soude cristallisé pour une de cet acide. Ce point établi, il sera facile de déterminer la force d'acidité des vinaigres par la quantité de sous-carbonate de soude qu'ils satureront.

Description de l'acétimètre de M. Descroizilles.

Comme l'alcalimètre et le berthollimètre,

auxquels il est uni dans le polymètre chimique, l'acétimètre est un tube de verre de 20 à 25 centimètres, ou 8 à 9 pouces, de longueur, et de 14 à 16 millimètres, ou 7 à 8 lignes, de diamètre; il est fermé par le bout inférieur, où il est supporté par un piédestal, tandis que le bout supérieur, entièrement ouvert, est muni d'un rebord saillant.

Il offre une échelle ayant quarante-huit divisions, chiffrées de deux en deux, et subdivisées chacune en deux moitiés, non compris l'espace entre son extrémité inférieure et le fond du tube; ce qui, depuis l'extrémité supérieure marquée o, offre une capacité de 50 millimètres ou 100 demi-millièmes de litre. On y voit en outre, vis-à-vis du 40ᵉ degré de l'échelle descendante, une ligne circulaire entre laquelle et le fond du vase l'espace offre la capacité d'un centilitre, ou de 10 millitres, qui y sont marqués, parce que, comme on le verra, c'est une dose fixe pour l'essai du vinaigre et pour l'essai préalable de la liqueur acétimétrique.

Pour faire usage de cet instrument, deux choses sont indispensables, savoir : une infusion de tournesol et une dissolution de soude caustique, qui est la liqueur acétimétrique.

Liqueur acétimétrique.

L'instrument que M. Descroizilles appelle la couloire, et qui facilite beaucoup la préparation de cette liqueur, est un manchon de 85 mil-

limètres de diamètre sur 160 de longueur, ou
de 3 pouces 2 lignes sur 6 pouces ; ses deux
extrémités sont renfoncées à l'extérieur par un
fil d'archal, autour duquel le fer-blanc est
roulé. L'une de ces extrémités est coiffée par
un morceau de toile un peu claire, et qui y est
fixée au moyen de trois ou quatre tours d'un
gros fil bien noué ; ce qui offre à peu près l'aspect d'un petit tamis très-profond. Avant de
fixer cette toile, il sera bon de la tailler circulairement, en lui donnant 4 pouces de diamètre, et de la faufiler tout autour pour empêcher que les fils ne s'échappent.

Outre la couloire, il faut encore, en fer-blanc,
une espèce d'entonnoir, dont les parois, très-
peu inclinées, se terminent par une douille de
40 millimètres de longueur, et ayant à son
extrémité 16 millimètres de diamètre, ou 1
pouce 1/2 de longueur, sur 7 lignes de diamètre. Cet entonnoir est fixé au milieu de la
hauteur d'un manchon de 90 millimètres de
diamètre et de 80 de hauteur, également ren-
forcé à ses deux extrémités. Il est destiné à
recevoir la couloire garnie de sa toile.

Il faut enfin, et toujours en fer-blanc, une ron-
delle plate ou grille ronde, qui doit être placée
dans l'entonnoir et sous la toile. Cette grille doit
être percée d'une centaine de trous d'une ligne
de diamètre ; il faut avoir soin que la douille de
l'entonnoir soit à 1 ligne ou 2 au-dessus du niveau inférieur du manchon dans lequel elle est
fixée : à ce moyen le tout pourra, au besoin, se

placer à plat sur une table ou sur une assiette.

Ce petit appareil de coulage est destiné à être monté sur une carafe ou sur une bouteille ordinaire à vin. Il s'y maintient parfaitement au moyen de sa douille, qui est de grosseur convenable, et au moyen de son fond très-peu incliné vers la douille.

Il faut aussi avoir une seconde grille, destinée à être posée sur le marc de la lessive, dans la couloire, afin qu'il ne s'y forme point d'enfoncement irrégulier lorsqu'on y versera de l'eau pour le laver. L'appareil est renfermé dans une boîte cylindrique en fer-blanc, formée de deux pièces, dont l'une sert de couvercle à l'autre; la plus grande est en outre destinée à faire chauffer de l'eau, ainsi que je vais l'expliquer.

Pour la caustification de la soude, mettez environ 4 décilitres d'eau, ou 8 mesures de 50 millilitres chacune, mesurées dans le millilitrimètre, dans la grande pièce de la boite cylindrique de fer-blanc, et posez-la sur un triangle, au-dessus d'un petit fourneau, dans lequel vous aurez allumé quelques charbons (ou faites chauffer sur le fourneau à lampe alcoolique du petit alambic pour l'essai des vins). L'eau étant chaude à n'y pouvoir tenir le doigt, retirez-la de dessus le feu, et introduisez-y, avec précaution, un demi-hectogramme de chaux très-vive et très-récemment sortie du four (un demi-hectogramme équivaut au poids de deux écus neufs de 5 francs); la chaux se délitère avec bouillonnement, pendant lequel il faut prendre des précautions pour ne rien perdre. Ajoutez à cette crème de chaux 4 autres décilitres d'eau, ou 8 mesures de 5o millilitres chacune, mesurées dans le millilitrimètre, et de suite 2 hectogrammes de sel de soude du commerce ; agitez le tout avec une cuiller jusqu'à ce que le sel vous paraisse entièrement dissous, puis laissez refroidir tout-à-fait. Après cela, procédez au coulage dans l'appareil ci-dessus décrit, et dont vous aurez préalablement mouillé la toile. Si les premières portions de liqueur sont troubles, réservez-les sur la couloire. Lorsque la totalité du mélange y aura été versée, et lorsqu'il ne passera plus rien, mettez, à la surface de la masse de la substance salino-terreuse ou marc, la seconde grille dont j'ai parlé, et versez-y de l'eau, par portions d'un décilitre chaque fois ; ayez soin de ne verser de nouvelle eau que lorsque l'écoulement occasioné par la mise précédente aura tout-à-fait cessé. La saveur de la lessive alcaline doit diminuer graduellement jusqu'à ce qu'enfin ce ne soit plus que de l'eau insipide.

Ordinairement sur 8 décilitres, d'abord mis avec la chaux et la soude, il n'en passe que 4; de sorte que, pour en avoir enfin 8, il faut en ajouter 4 l'un après l'autre pour les réunir aux 4 premiers. Après cela le marc doit être presque insipide ; mais encore vous pouvez l'épuiter tout-à-fait de soude caustique, en y passant encore, l'un après l'autre, 2 décilitres d'eau, que vous garderez si vous le voulez pour commencer une autre opération.

D'autre part encore, ayez de la liqueur alcalimétrique, composée d'acide sulfurique et d'eau, et versez-en dans le tube jusqu'à la ligne circulaire dont il a été parlé plus haut, c'est-à-dire le volume de 10 millilitres ou d'un centilitre; renversez ensuite du tube dans un verre ordinaire cette quantité de liqueur alcalimétrique, puis rincez le tube avec une quantité d'eau à peu près égale, et réunissez cette rincure à la liqueur qui est dans le verre. Le tube étant encore plus exactement rincé et secoué, emplissez-le jusqu'au haut de l'échelle avec de la lessive caustique obtenue par le procédé décrit ci-dessus, puis servez-vous-en pour saturer l'acide qui est dans le verre.

Cette saturation a lieu sans effervescence, de sorte qu'il faut être très-attentif lorsqu'on y procède.

Laissez donc tomber lentement la lessive dans le verre, et opérez-en le mélange, au moyen d'un petit brin de bois, que vous en retirerez de temps en temps pour le poser sur des gouttelettes d'infusion de tournesol, disséminées sur une assiette. A l'instant même du contact, la belle couleur bleue de cette infusion sera changée en rouge clair, et cela aura lieu tant qu'il restera la plus petite portion d'acide à saturer; mais au moment même où vous aurez strictement atteint cette saturation, les gouttelettes touchées conserveront leur couleur bleue, sauf leur dégradation d'intensité, en raison de la proportion de liqueur saturée qui s'y trouve mêlée.

Relevez alors l'instrument, et voyez combien de millilitres de lessive il en est sorti. C'est ce que vous indiquera l'échelle acétimétrique ou le millilitrimètre descendant.

Je suppose donc que, par cette première épreuve, vous ayez consommé 11 millilitres de votre lessive alcaline pour 10 de la liqueur acide. Vous dites : Je veux que cette liqueur alcaline soit délayée dans une quantité d'eau telle, qu'au lieu de 11 millilitres il en faudra 20. Il n'est donc question que de faire un mélange de 11 parties de lessive et de 9 d'eau pure; à cet effet, remplissez-en le millilitrimètre jusqu'au haut de l'échelle, puis videz-le dans une petite bouteille, ou fiole, ou petit flacon. Mettez-en encore cinq millilitres dans le tube, puis ajoutez-y de l'eau pure, jusqu'à ce que les 50 millilitres soient complets; versez ensuite ce mélange avec les 50 autres millilitres de lessive; mélangez bien, et vous aurez 100 millilitres de liqueur acétimétrique dans la proportion désirée, car 53 sont à 100 comme 11 est à 20. Essayez cependant encore, avec ce mélange, une nouvelle saturation, pour vous assurer de l'exactitude du mélange partiel déjà fait, afin de pouvoir ensuite procéder au mélange de toute votre lessive, avec 9 vingtièmes ou 45 centièmes d'eau.

A cet effet, donc, mesurez de nouveau 10

millimètres de la liqueur alcalimétrique ainsi composée, et mettez-la dans un verre ou vous mettrez aussi la rinçure du millilitrimètre. Remplissez après cela cet instrument jusqu'au haut de son échelle, et procédez à la saturation avec les précautions recommandées.

J'ai supposé que 11 vingtièmes de la première lessive seraient nécessaires : il est clair qu'alors il faut ajouter 9 centilitres d'eau. Mais aussi il m'est arrivé d'avoir d'abord une première lessive, dont 7 vingtièmes suffisaient, et alors j'ajoutais 13 vingtièmes d'eau pure. Il est donc bien entendu que les proportions d'eau à ajouter doivent varier comme la force des lessives premières.

Ayant ainsi gradué la liqueur acétimétrique, tellement que, pour sa saturation, elle exige strictement son volume égal de liqueur alcalimétrique, des précautions sont encore nécessaires pour la conserver à l'abri de l'influence atmosphérique, qui y apporterait de l'acide carbonique, et qui pourrait changer la proportion de l'eau. Introduisez-y donc 5 grammes de chaux effleurée à l'air et bien divisée. Mettez à la bouteille un bouchon qui, bien appuyé, puisse la boucher exactement et laisser une bonne prise, lorsqu'on voudra la déboucher. Secouez fortement pendant une minute, et laissez la chaux se déposer. Ayez ensuite une boîte longue, pouvant au besoin servir à encaisser la bouteille, et pratiquez une échancrure à la partie supérieure et centrale d'un de ses petits

côtés. Vous y coucherez diagonalement la bouteille, dont le goulot entrera dans l'échancrure. A ce moyen, le dépôt de chaux se mettra de niveau au fond et sur le côté parallèle
au niveau de la liqueur d'épreuve, dont il sera
facile de soutirer chaque fois la quantité d'un
centilitre.

Il faudra, une fois pour toutes les épreuves
d'une même journée, agiter préalablement la
bouteille, et laisser à la chaux le temps de se
déposer.

Si le sel de soude du commerce était constamment le même, l'on pourrait facilement
donner les doses respectives de ce sel et d'eau,
justement suffisantes pour faire la liqueur acétimétrique avec autant de facilité qu'on le fait
pour la liqueur alcalimétrique. Mais l'acide
sulfurique concentré du commerce est toujours
approximativement le même, et il n'en est pas
ainsi, à beaucoup près, du sel ou sous-carbonate de soude.

Ce sel est souvent altéré par la présence du
sulfate de soude, et dans des proportions si
variables que, donnant 36 degrés ordinairement, on en trouve des qualités qui ne mar-
quent que 20, et d'autres qui donnent tous les
degrés intermédiaires entre 36 et 20.

Le sel de soude le plus pur varie lui-
même, selon qu'il se trouve à l'abri du contact d'un air plus ou moins chaud; en effet, lorsqu'il n'a été séché qu'autant qu'il le
faut pour ne plus mouiller le papier sur lequel

on le pose, et pour conserver sa forme cristalline, il contient approximativement 0,63 de
son poids en eau de cristallisation ; mais si on
l'abandonne à l'action de l'air ambiant, il perd
une partie variable de cette eau, de manière
qu'au lieu de 36 et 37 degrés alcalimétriques,
il en donne jusqu'à 50 et plus.

Quand on veut essayer un vinaigre, on commence par disséminer autour d'une assiette des
gouttelettes d'infusion de tournesol. A cet effet,
laissez-en tomber une ou deux gouttes au
centre de cette assiette, puis plongez-y l'extrémité d'un petit morceau de bois, gros et long
comme une allumette, ou, ce qui vaut mieux,
un petit morceau d'étain fin, ayant cette forme
et cette longueur. Il s'y attachera un peu d'infusion bleue, que vous poserez au fur et à mesure autour des bords de l'assiette. Chaque
gouttelette, ainsi posée, équivaut au plus au
vingtième d'une goutte tombée.

Introduisez ensuite dans l'acétimètre 1 centilitre du vinaigre à essayer, puis versez-le dans
le verre destiné à l'essai. Passez après cela à
peu près autant d'eau dans l'acétimètre, et
versez aussi cette rinçure dans le verre.

Ayez en outre un peu de vinaigre ordinaire
dans une très-petite bouteille ou dans un petit
flacon à goulot renversé : cela vous servira à en
extraire quelques gouttes pour le contrôle de
chaque essai, comme il va être ultérieurement
expliqué.

Procédez à la saturation en laissant filer

lentement la liqueur acétimétrique, et favo-
risant sa combinaison au moyen de l'agitation
avec un petit morceau de bois. Touchez de
temps en temps une des gouttelettes de tournesol : elles rougiront tant qu'il restera du vinaigre à saturer. Cependant le rouge sera moins
vif en raison de ce que le point de saturation
commencera à approcher. Vous serez sûr d'a-
voir saisi ce point aussitôt que les gouttelettes
de tournesol ne changeront plus de couleur.
Mais vous ne serez certain de ne l'avoir pas
outre-passé que lorsque, laissant tomber dans
le verre quelques gouttes de vinaigre pur,
elles rendront à la liqueur la propriété de rougir de nouveau les gouttelettes de tournesol.
C'est là ce que j'appelle le contrôle d'un essai ;
mais, s'il en fallait plus que 10 gouttes pour
produire cet effet, ce serait une preuve que
vous auriez mis trop de liqueur acétimétrique,
car dix gouttes représentent approximativement la cinquantième partie du volume du
vinaigre de chaque essai, et il faudrait recom-
mencer celui-ci. Si, au contraire, vous trouvez
l'essai juste, il ne s'agit plus que de voir le degré acétimétrique obtenu ; et, pour cela, il
suffit de voir la ligne où se trouve le niveau
de la liqueur dans l'acétimètre. Ce degré,
pour les bons vinaigres ordinaires, varie de
10 à 15 ; c'est-à-dire que 10 millilitres de vinaigre ordinaire exigent, pour leur saturation,
10 à 15 millilitres de liqueur alcaliacétimé-
trique, dont les 10 millilitres exigent, pour

leur propre saturation, 1 gramme d'acide sulfurique concentré.

La couleur rouge donnée par le vinaigre
aux gouttelettes de tournesol n'est pas durable.
Aussitôt que les gouttelettes touchées se sont
desséchées à l'air, elle est remplacée par la
couleur bleue primitive de cette infusion. On
a beau les recueillir ensuite avec de l'eau pure,
la couleur rouge ne revient plus, à moins qu'on
ne les touche de nouveau avec du vinaigre
non encore neutralisé. Il me paraît résulter de
là, ou que le vinaigre s'évapore totalement,
ou mieux encore qu'il se décompose par un
si grand contact à l'air atmosphérique, qui le
change peut-être d'abord en acide carbonique,
lequel bientôt se dissipe.

On pourrait soupçonner que le vinaigre se
combine avec l'oxide métallique qui entre
dans la couverte de l'assiette; mais des acides
beaucoup plus énergiques ne produisent pas
cet effet.

M. Descroizilles a essayé la force des acides
obtenus des bois par la distillation, ou autre-
ment, par leur carbonisation en vases clos.
Voici le résultat de quelques-uns de ces essais.

Acide pyroligneux ou vinaigre de bois,
  ayant reçu une première purification. 15 degrés.
Acide purifié une seconde fois. . . . 12
Acide purifié et concentré par les procédés qui donnent ce qu'on appelle
  le vinaigre radical. 132

Ce dernier acide marquait 10 degrés au
pèse-liqueur de *Baumé* pour les sels.

Pureté et falsification des vinaigres.

Le vinaigre de bois, pour être plus pur, ne
doit être formé que d'acide acétique et d'eau,
et celui des substances fermentescibles ne doit
contenir aucun acide étranger. Mais la fraude se glisse dans tous les arts : au lieu de
donner de la force aux vinaigres faibles par
l'addition de l'eau-de-vie ou de quelque substance sucrée, quelques marchands, peu scru-
puleux, ont préféré y ajouter quelqu'un des
acides dits minéraux, et particulièrement l'a-
cide sulfurique. Cette fraude n'est pas nouvelle.
M. Demachy, dans son Art du Vinaigrier, l'a
signalée dans quelques vinaigres de Paris, mais
principalement en Champagne et surtout à
Saint-Dizier, et chez les marchands colpor-
teurs de vinaigre. J'ai connu moi-même, sur
la frontière d'Espagne, des fabricans de vinaigre qui recueillaient le résidu de la distillation
des vins rouges, y ajoutaient un quart de vin
et un quart de vinaigre, et au bout de huit
jours l'acidulaient convenablement au moyen
de l'acide sulfurique. J'ai eu en même temps
occasion de donner des soins à un de ces in-
dividus qui, ayant placé dans une grande cuve
10 kilogrammes d'huile de vitriol (acide sulfurique) avec vingt-cinq fois autant de ce vinaigre, pour commencer à faire le mélange,

pour le distribuer sur toute la partie qu'il avait préparée, le remua avec ses jambes pendant quelque temps. Le malheureux éprouva des douleurs très-vives dans ces parties, sur lesquelles, malgré l'application des cataplasmes, l'acide sulfurique agit avec tant de force, que toute la peau tomba, et qu'il s'établit une suppuration qui dura plusieurs jours.

Il est aisé de distinguer la nature de l'acide avec lequel on a augmenté l'acidité du vinaigre. Si c'est l'acide sulfurique, il suffit de verser quelques gouttes du vinaigre suspect dans du nitrate ou de l'hydrochlorate de barite, pour voir se former aussitôt un précipité blanc abondant, qui est du sulfate de barite. On peut s'en convaincre ainsi pour le vinaigre de bois purifié et distillé. On pourrait obtenir cependant le même effet du vinaigre de bois purifié et non distillé, comme on en trouve quelquefois dans le commerce, parce que ce vinaigre contient alors du sulfate de soude, qui décompose l'hydrochlorate de barite, pour former un hydrochlorate de soude et un sulfate de barite. Les vinaigres de vin contiennent aussi un peu de sulfate de potasse, et l'hydrochlorate de barite y produit, par conséquent, un léger précipité qui est bien plus abondant quand il y a addition d'acide sulfurique. Au reste, les vinaigres auxquels on a ajouté de cet acide ou bien des acides hydrochlorique ou nitrique (1),

_____

(1) Les acides nitrique et hydrochlorique étant

ont une saveur particulière, sont moins odo-
rans, et agacent fortement les dents. M. Descroizilles a donné un procédé pour faire connaître l'acide sulfurique dans le vinaigre, que
nous croyons devoir rapporter. Cet habile manufacturier conseille de toucher une goutte
d'infusion de tournesol ou bien du papier de
tournesol, avec le vinaigre suspect. S'il est pur,
la couleur bleue reparaît après la dessiccation;
si, au contraire, elle persiste, c'est une preuve
qu'il y a addition d'un acide étranger. Cet essai par le tournesol peut indiquer, d'une manière approximative, les quantités d'acide
ajouté. En effet, dit M. Descroizilles, après
qu'on s'est convaincu de la falsification du vinaigre et avoir déterminé son degré acétimétrique, on procède à un nouvel essai de saturation en faisant tomber, par intervalles, un
demi-millilitre de liqueur acétimétrique, et en
touchant chaque fois une goutte d'infusion de
tournesol avec le vinaigre qu'on essaie (1).
Quand la saturation du vinaigre est exacte et
que le tournesol n'est plus rougi, si cet essai a
donné douze degrés, on a sur l'assiette vingt-
quatre gouttelettes rougies. On fait alors chauffer légèrement cette assiette pour les dessécher,
et l'on compte combien il en reste de rouges.

plus chers que le sulfurique, l'on emploie celui-ci de
préférence.

(1) On doit ranger pour cela, sur une assiette, une
trentaine de gouttelettes de teinture de tournesol.

S'il en reste huit, et si la huitième est un peu rouge, on peut conclure que ce vinaigre doit un tiers de sa force acide à un acide étranger. Si l'on a déjà reconnu que c'est le sulfurique, on calcule la quantité de liqueur acétimétrique qui a été employée pour les saturer, et dès lors on trouve les proportions d'acide sulfurique qui ont été ajoutées par litre.

Ces essais et ces calculs nous paraissent un peu trop difficiles pour ceux qui sont étrangers à la chimie.

On peut reconnaître l'acide nitrique et muriatique dans le vinaigre en le saturant de sous-carbonate de soude, filtrant et faisant cristalliser. Si c'est l'acide muriatique, on trouvera, avec l'acétate de soude, un sel d'une saveur très-salée et en cristaux cubiques, tandis que l'autre sel cristallise en prismes. On peut déterminer les proportions d'acide muriatique en dissolvant ces sels et y versant du nitrate d'argent (1). Par le précipité obtenu, on calculera le poids de l'acide hydrochlorique d'après la connaissance des principes constituans du muriate d'argent.

Si la sophistication est faite par l'acide nitrique, ce qui est très-rare à cause du prix élevé de cet acide, on obtient un nitrate de soude cristallisé en prismes rhomboïdaux et un acé-

(1) Ce réactif est si sensible qu'il indique, par un précipité blanc cailleboté, insoluble dans l'acide nitrique, 0,0000125 de cet acide dans l'eau.

tate. Le premier sel a une saveur fraîche, piquante et amère ; il fuse sur les charbons comme le salpêtre. On peut déterminer la quantité d'acide nitrique en desséchant bien ces deux sels dans l'eau et les traitant par l'alcool très-concentré, qui dissout l'acétate de soude sans toucher au nitrate. Par le poids de celui-ci, on juge de la quantité d'acide nitrique d'après ses principes constituans.

Composition du nitrate de soude, d'après mon analyse.

Acide nitrique.	63,36
Soude.	36,64
	100,00

Hydrochlorate de soude.

Acide hydrochlorique.	100
Soude.	86,38

En admettant, d'après la théorie la plus moderne, que l'hydrochlorate de soude est un chlorure de sodium qui passe à l'état d'hydrochlorate en se dissolvant dans l'eau, 100 parties de ce sel seraient composées de

Chlore. .	60
Sodium. .	40
	100

Or, il faudrait réduire encore le chlore par le calcul en acide hydrochlorique, en admettant que cet acide est composé en poids de

Chlore 36
Hydrogène. . . 1

Conservation du Vinaigre.

Le vinaigre doit être conservé dans des vases fermés, sinon il arrive : 1° que lorsqu'il a le contact de l'air il perd la plus grande partie de l'éther acétique qu'il contient, et qui avec le temps se convertit en acide acétique ; 2° lorsqu'il est resté plusieurs jours à l'air sans être couvert, surtout en été, il s'y forme un nombre d'anguilles qui sont douées d'une grande agilité et qui sont quelquefois assez grosses pour être distinguées à la vue simple.

QUATRIÈME PARTIE.

VINAIGRES COMPOSÉS.

L'on connaît sous ce nom le vinaigre simple tenant en dissolution une ou diverses substances. Ces vinaigres sont employés comme assaisonnemens ou bien comme cosmétiques ou moyens thérapeutiques. Nous allons les énumérer en partie.

VINAIGRES DISTILLÉS AROMATIQUES.

Vinaigre de lavande.

Distillez dans un alambic, dont la cucurbite sera en grès, du vinaigre avec des fleurs de lavande jusqu'à ce que vous ayez obtenu les trois quarts du vinaigre (1).

(1) La quantité de vinaigre employée doit être telle qu'on cesse d'en verser dans la cucurbite lorsque les fleurs commencent à surnager. Il est bon aussi de les laisser macérer dans cet acide pendant quelque temps.

Le vinaigre de lavande est aromatique; il n'est d'usage que pour la toilette. Étendu d'eau, on s'en sert pour se laver; il rafraîchit et donne du ton aux fibres de la peau.

On prépare de la même manière les vinaigres de romarin, de sauge, de serpolet, etc., qui sont tous également employés pour la toilette.

OBSERVATIONS.

La menthe, la sauge, le serpolet, le romarin, la sarriette, le thym, la lavande, etc., distillés avec l'eau, donnent une huile volatile dans laquelle réside l'odeur de ces plantes. Cette huile est très-soluble dans l'alcool, et moins dans l'acide acétique. D'après cela, lorsqu'on voudra préparer aussitôt des vinaigres de lavande, de sauge, de romarin, de menthe poivrée, de menthe ordinaire, de sarriette, de thym, de serpolet, on n'aura qu'à faire dissoudre un gros de l'une de ces huiles essentielles dans quatre onces d'alcool à 36, et y ajouter ensuite huit onces de vinaigre de Mollerat. On pourra rendre ces vinaigres bien plus aromatiques en augmentant la dose de ces huiles essentielles.

VINAIGRES DE TOILETTE.

Vinaigre à la rose.

Roses pâles.	℔ ij
Vinaigre distillé. . .	℔ viij
Alcool à la rose. . .	℔ ij

Distillez les roses avec le vinaigre dans une cornue de verre au bain de sable ; et, lorsqu'il aura passé les trois quarts de la liqueur, arrêtez la distillation, afin de ne pas brûler les fleurs ; ajoutez au vinaigre obtenu l'alcool à la rose, et conservez ce produit dans un flacon bouché à l'émeri. On peut donner à ce cosmétique la couleur de la rose en colorant l'alcool au moyen d'un peu de cochenille.

Vinaigre à la fleur d'orange.

Fleurs d'orange récentes et non mondées. ℔ 1 ß
Vinaigre distillé. . . . . ℔ VIII
Alcool à la fleur d'orange. . . . . . ℔ 1

Suivez le procédé indiqué pour le précédent. Ces deux vinaigres sont très-estimés pour la toilette. On peut également les obtenir en ajoutant à deux parties de bon vinaigre de bois une partie d'alcool aromatisé par l'essence de rose ou par le néroli.

On prépare de la même manière les vinaigres à l'œillet, au citron, à la bergamote, au cédrat, etc.

Vinaigre à l'orange.

Zestes d'orange. XX
Alcool à l'orange ou bien
    extrait d'orange. . . ℔ II
Vinaigre distillé. . . . ℔ VIII

Opérez comme pour le vinaigre à la rose.
Le vinaigre à l'orange est une solution du

néroli, ou bien huile essentielle de l'orange
dans l'alcool et l'acide acétique ou vinaigre. Il
est donc certain qu'on peut abréger cette opération en mêlant ensemble

Néroli. . . . . ℥ ɪɪ
Alcool à l'orange à 36 deg. . ℔ ɪɪ
Bon vinaigre de bois. . . ℔ vɪɪɪ

On peut se passer de distiller ce vinaigre.

Vinaigre au girofle.

Girofle. . . . . ℥ vɪ
Alcool à 36 degrés. . . ℔ ɪɪ
Bon vinaigre de bois. . ℔ vɪɪɪ

Concassez le girofle, et mettez-le à infuser
pendant huit jours dans l'alcool; ajoutez ensuite le vinaigre, et distillez dans une cornue de
verre au bain de sable.

On prépare de la même manière le vinaigre
à la muscade.

Vinaigre à la cannelle.

Cannelle de la Chine. ℥ vɪɪɪ
Alcool à 36 degrés. . ℔ ɪɪ
Vinaigre de bois. . ℔ vɪɪɪ

Distillez comme pour le vinaigre au girofle.
Il est inutile de dire que l'on peut préparer
aussi ces vinaigres en faisant dissoudre les huiles essentielles de ces substances dans l'alcool,
et en y ajoutant ensuite le vinaigre.

Crême de vinaigre,

Essence de bergamote.	ʒ ı ß
— de citron.	ʒ ı
— de néroli.	ʒ ıv
— de rose.	Ɔ ıı
Huile de muscade.	ʒ ıı
Storax en larmes.	ʒ ıı
Vanille.	gousses 2
Benjoin.	ʒ ıı
Huile de girofle.	ʒ ı
Alcool à 36 degrés.	℔ ıı
Acide acétique concentré ou bien vinaigre radical.	℔ v

Unissez toutes ces substances à l'alcool, et après deux jours, distillez au bain-marie ; ajoutez, à la liqueur qui aura passé, le vinaigre radical.

On peut donner à ce vinaigre une couleur rose, si on le désire ; mais il vaut mieux qu'il n'en ait point.

La crême de vinaigre, telle que je viens d'en donner la recette, a une odeur des plus suaves ; elle peut être considérée comme un très-bon cosmétique. Lorsqu'on veut s'en servir, on en met une cuillerée dans un verre que l'on achève de remplir d'eau. Nous regardons ce cosmétique comme étant préférable à l'eau de Cologne.

Vinaigre virginal.

Benjoin en poudre.	2 onces.
Alcool.	8 id.
Vinaigre blanc.	2 livres.

On fait digérer l'alcool sur le benjoin pendant six jours ; on coule, et on ajoute le vinaigre sur le résidu, après autres six jours d'infusion ; on décante le vinaigre ; on l'unit à la teinture de benjoin, et on filtre le lendemain. Ce vinaigre, étendu d'eau, est un excellent cosmétique (1).

Vinaigre de fard.

Cochenille en poudre. . .	2 gros.
Belle laque en poudre. . .	3 onces.
Alcool.	6 *id.*
Vinaigre de lavande distillé.	1 livre.

Après dix jours d'infusion, en ayant soin d'agiter souvent la bouteille, coulez et filtrez. Ce vinaigre est employé comme fard.

Vinaigre de Cologne.

Ajoutez à chaque pinte d'eau de Cologne une once de vinaigre radical très-concentré.

Rouge liquide économique.

Faites infuser dans l'alcool le coton dont on s'est servi pour appliquer le fard sur les joues, et ajoutez-y suffisante quantité d'acide acétique concentré.

(1) En ajoutant au lait virginal suffisante quantité d'acide acétique concentré, on obtient le vinaigre de turbith.

Vinaigre de turbith, virginal, à la sultane, de storax, etc.

Ces vinaigres ne sont que des dissolutions de benjoin, de storax, de baume de la Mecque, etc., dans l'alcool, auxquelles on ajoute plus ou moins de vinaigre radical.

VINAIGRES MÉDICAUX.

Vinaigre dit des quatre-voleurs.

Sommités de grande absinthe.		
— petite absinthe.		
— romarin.		aa 1 once.
— sauge.		
— menthe.		
— rue.		
Fleurs de lavande.	4 onces.	
Calamus aromaticus.		
Cannelle.		
Girofle.		aa ½ once.
Noix muscades.		
Gousses d'ail récentes et coupées par tranches.		
Camphre.	1 once.	
Vinaigre rouge.	16 livres.	

On fait digérer le tout, à une douce chaleur ou au soleil, dans un vase fermé pendant trois semaines; on coule avec expression, et l'on filtre. On y ajoute alors le camphre, que l'on a fait dissoudre auparavant dans quatre onces d'alcool. Ce vinaigre a joui d'une très-grande réputation dans les maladies considérées comme pestilentielles. On assure que la recette en est due à quatre voleurs qui l'employèrent avec succès lors de la peste de Marseille, et qui furent, à cause de cela, graciés. Quoi qu'il en soit, on l'a employé pour se préserver de la contagion, en s'en lavant les mains et le visage, et en faisant des fumigations avec cet acide.

A l'intérieur, il jouit des mêmes vertus que le vinaigre thériacal.

Vinaigre camphré.

J'ai démontré, dans un de mes mémoires, que le vinaigre dissout d'autant plus de camphre qu'il contient moins d'eau; en conséquence on peut préparer un bon vinaigre camphré en prenant

Camphre.	6	gros.
Alcool à 36º.	2	onces.
Bon vinaigre.	1	livre.

Ce vinaigre peut remplacer le vinaigre des quatre-voleurs.

Vinaigre bézoardique de Berlin.

Racines d'angélique.	
— de menthe..	
— de valériane.	
Fleurs de camomille.	aa ℥ ß
Baies de genièvre.	
— de laurier.	
Safran oriental.	aa ʒ 1
Camphre.	
Vinaigre blanc.	℔ 6

Réduisez ces substances en poudre, et mettez-les en infusion dans le vinaigre pendant
quinze jours, en agitant de temps en temps le
vase. Au bout de ce temps, passez avec expression et filtrez.

Ce vinaigre est employé dans les fièvres malignes, la peste, la fièvre jaune, le scorbut et
les maladies contagieuses, à la dose d'un à
deux gros chaque fois.

Vinaigre camphré de Spielmann.

Camphre.	℥ j
Alcool.	gutt. xx
Vinaigre fort.	℥ x

On réduit le camphre en poudre en le triturant dans un mortier et y ajoutant l'alcool; on
le dissout ensuite dans le vinaigre. On emploie
cette préparation dans les fièvres ataxiques,
adynamiques, etc., ainsi que sur les parties
gangrenées, et en fumigations.

Vinaigre colchique de Reuss.

Vinaigre à 3 degrés.	℥ xij
Racines de colchique fraîches et récoltées en automne.	℥ j
Alcool.	℥ vj

Coupez par tranches très-minces la racine de
colchique, et laissez-la infuser dans le vinaigre

pendant huit jours; exprimez ensuite et ajoutez-y l'alcool.

Nous croyons qu'il vaut mieux employer
une once d'alcool à 36 degrés que six gros.

Vinaigre fébrifuge, dit eau prophylactique, de Sylvius Leboë.

Racine de pétasite. . . .	℥ ıı
Racine d'angélique. . . }	aa ℥ ı
— de zédoaire. . . }	
Feuilles de rue de jardin. }	
— de mélisse. . . }	aa ℥ ıı
— de scabieuse. }	
— de souci. . . }	
Noix cueillies avant leur maturité.	℔ ıı
Citrons frais.	℔ ı
Vinaigre distillé.	℔ xıı

Réduisez les racines et les feuilles en poudre;
coupez les citrons par tranches, et contusez les
noix; mettez ensuite le tout macérer dans le
vinaigre pendant une nuit, et distillez le lendemain jusqu'à siccité, sans cependant brûler
le résidu.

Sylvius avait fait de ce vinaigre une espèce
de panacée contre toutes les fièvres, tant intermittentes que rémittentes, etc.

Vinaigre dit antiputride et curatif.

Lavande. }	aa ı poignée.
Sauge. }	

Thym.	
Baume.	
Sarriette..	
Estragon.	
Verveine odorante.	āā 1 poignée.
Romarin.	
Hysope.	
Marrube blanc.	
Pimprenelle.	
Ail.	gousse 1
Girofle.	n° xx
Cannelle.	℥ 1
Sel marin.	℥ 11
Bon vinaigre blanc.	℔ xii

Pilez les diverses substances, et mettez-les à infuser ensuite pendant un mois, avec le vinaigre, dans un vase de verre bien bouché; au bout de ce temps, coulez avec expression et filtrez.

L'auteur de cette recette, consignée dans la Bibliothèque Physico-Économique, la recommande en frictions sur les tempes et dans les mains, contre les spasmes, les faiblesses; il présente aussi ce vinaigre comme un préservatif des maladies des animaux, et principalement contre le claveau. Il serait à désirer que l'expérience confirmât une telle assertion.

Dans le même journal on trouve un autre mode de traitement contre le claveau, qui consiste à prendre

Orvales des prés.	
Racines de persil.	aa 2 poignées.
Lentilles..	

Faites bouillir pendant un quart-d'heure dans quatre pintes d'eau, laissez infuser deux heures, coulez et ajoutez à la colature

Camphre dissous dans un jaune d'œuf.	℥ 1
Vinaigre.	℥ 1
Miel.	℥ IV

On donne ce breuvage tiède à la dose d'un grand verre pour les forts moutons, d'un petit pour les brebis, et d'un demi-verre pour les agneaux.

Pendant ce temps, les troupeaux ne doivent point aller aux champs, etc.

Préservatif contre les maladies épizootiques em-ployé en Auvergne.

Ce préservatif consiste à tenir nuit et jour les bêtes au grand air, à leur passer un séton mobile au fanon, et à leur faire avaler tous les deux jours, et pendant dix jours, une pinte de vinaigre, dans lequel on a fait dissoudre une once de nitrate de potasse, etc.

Vinaigre des quatre-voleurs composé, de M. Vergnes aîné.

Cannelle.	
Girofle.	
Macis.	aa ℥ 1
Noix muscade.	
Camphre.	
Ail.	℥ II

Huile volatile d'absinthe,
— de romarin.
— de rue,
— de sauge.
— de menthe.
— de lavande.
} aa ℈ ıı

Vinaigre radical.
Vinaigre des quatre-voleurs
d'après le Codex.
} aa ℔ ıı

Concassez toutes ces substances et laissez-les macérer pendant huit jours ; passez avec expression, filtrez et conservez dans un flacon bien bouché.

Vinaigre radical aromatique, du même.

Ail . . . . ℥ ıı
Camphre. . . . . ℥ ı
Huile volatile d'absinthe.
— de romarin.
— de menthe.
— de rue.
— de lavande.
— de sauge.
— de girofle.
} aa ℈ ıı

Vinaigre radical. . . . . . ℥ xıı

On le prépare de la même manière que le précédent.

Fumigations avec le vinaigre.

On a long-temps regardé les fumigations avec le vinaigre, ainsi que les aspersions avec cet acide, comme un excellent moyen de desinfection. De nos jours encore on y trempe tous les papiers qui viennent des pays suspectés atteints de maladies contagieuses, telles que la fièvre jaune et la peste. Cependant, M. Guyton de Morveaux dit s'être assuré, par l'expérience, que l'acide acétique, même celui qui est concentré, n'exerce aucune action sur les gaz putrides ; il n'en fait que marquer l'odeur.

Vinaigre colchique.

Racines de colchique récentes.   1 once.
Vinaigre rouge. . . . . 1 *id.*

Mondez ces racines fraîches, lavez-les, coupez-les par tranches minces, et faites-les digérer avec le vinaigre, à une douce chaleur, pendant deux jours. Passez ensuite, exprimez les racines, filtrez la liqueur, et conservez-la dans un vase bien bouché.

Ce vinaigre s'emploie en médecine à l'état d'oximel ; nous en donnerons la recette.

Vinaigre d'estragon.

Feuilles mondées d'estragon.   1 livre.
Bon vinaigre rouge ou blanc.   12 *id.*

Introduisez le tout dans un matras, et laissez-le digérer à une douce chaleur pendant quelques jours, passez avec expression, et filtrez.

5..

Ce vinaigre est très-employé comme assaisonnement.

Vinaigre framboisé.

Framboises mondées de leur calice et légèrement écrasées.	6 livres.
Excellent vinaigre.	4 *id.*

Laissez macérer pendant quatre jours, passez sans expression, et filtrez au bout de quelques jours.

Ce vinaigre est employé comme assaisonnement; il sert aussi pour faire le sirop de vinaigre à la framboise.

On prépare de la même manière les vinaigres des autres fruits.

Vinaigre de moutarde.

Moutarde en poudre fine.	2 onces.
Bon vinaigre.	1 livre.

Faites digérer ensemble pendant quelques jours, et filtrez. Ce vinaigre conserve l'odeur et la saveur de la moutarde; il peut être employé comme assaisonnement. Si le vinaigre que l'on y destine est rouge, il est décoloré en partie, et clarifié par l'albumine que contient la moutarde.

Vinaigre rosat.

Roses rouges mondées de leur onglet, et sèches.	1 livre.
Très-bon vinaigre blanc ou rouge. . .	16 *id.*

Laissez macérer pendant quinze jours dans un vase fermé, en ayant soin d'agiter de temps en temps ; filtrez, et conservez-le dans un vase bien bouché.

Ce vinaigre est plus particulièrement employé pour la toilette.

Vinaigre scillitique.

Squammes de scille sèches, . 1 partie.
Bon vinaigre rouge, . . . 12 parties.
Alcool à 22°. . . . . . . ½ partie.

Après quinze jours de macération, dans un vase fermé, coulez avec expression, et filtrez.

Ce vinaigre est employé en médecine comme apéritif, incisif, etc., à la dose d'un gros à quatre.

Vinaigre surard.

Fleurs de sureau sèches et mondées. 1 livre.
Vinaigre rouge. 12

Après cinq ou six jours d'infusion, dans un vase clos, passez avec expression, et filtrez.

Ce vinaigre est anodin, résolutif et sudorifique. La dose est d'un gros à quatre. Si l'on y ajoute de l'estragon, ce vinaigre prend le nom de vinaigre surard à l'estragon.

On prépare de la même manière les vinaigres par infusion de

OEillets,   Menthe coq,
Lavande,   Romarin,
Sauge,   Serpolet, etc.

Vinaigre thériacal.

Les principes constituans de l'eau thériacale.	8 onc. (1)
Thériaque.	8 onces.
Vinaigre rouge.	8 livres.

On concasse dans un mortier les substances qui entrent dans la composition de l'eau thériacale ; on les fait infuser dans le vinaigre pendant environ un mois ; on coule avec expression ; on ajoute thériaque à la liqueur, et, après quinze jours de digestion, on filtre.

Ce vinaigre est considéré comme cordial, tonique, sudorifique, et vermifuge, à la dose des précédens. Il est recommandé dans les maladies contagieuses.

On prépare avec le vinaigre un grand nom-

_____

(1) Les substances qui entrent dans l'eau thériacale, sont :

Racines d'aunée.	
— d'angélique.	aa 2 onces.
— souchet long. . . .	
— zédoaire.	
— contrayerva	aa 1 once.
— impératoire.	
— valériane sauvage. . .	
Écorce récente de citron. . .	
——— d'orange. . .	
Girofle.	
Cannelle.	
Galenga.	aa une demi-once.
Baies de genièvre. . . .	
— de laurier. . . .	
Sommités de sauge. . . .	
— de romarin. . . .	
— de rue. . . .	

bre de médicamens : comme on ne les trouve qu'épars dans divers ouvrages, nous allons en réunir ici les principaux.

Boisson anti-narcotique de **Van-Mons.**

Bon vinaigre. . ʒ xv
Café torréfié. . ʒ iii
Sucre. . . . ʒ ii

Faites bouillir le café dans le vinaigre, coulez et ajoutez le sucre.

On en donne deux cuillerées chaudes, de quatre heures en quatre heures, aux personnes qui ont pris un peu trop d'opium.

Collutoire anti-odontalgique de **Schyron.**

Feuilles de violette. . ⎫
—— de roses rouges. ⎬ aa ¼ poignée.
—— de jusquiame. . ⎪
—— de plantain. . ⎭
Têtes de pavots. . . . ʒ i
Fleurs de sauge. . . . ʒ vi

Écrasez les têtes du pavot, et faites bouillir le tout dans suffisante quantité d'eau pure; coulez avec expression, et ajoutez

Bon vinaigre. ʒ iv

Ce médicament est recommandé pour calmer les douleurs des dents.

Collyre de **Newmann.**

Fleurs d'arnica montana. ʒ i
Vinaigre distillé. . . . ℔ i

Faites bouillir le vinaigre, ajoutez-y ensuite les fleurs d'arnica, et coulez après quatre
heures d'infusion; saturez ensuite le vinaigre
par le carbonate d'ammoniaque. Ce collyre,
qui est un véritable acétate d'ammoniaque, est
employé contre la cataracte. On fait usage en
même temps, à l'intérieur, de l'infusion de
fleur d'arnica.

Décoction antiseptique de Boerhaave.

Feuilles d'alliaire.
— de marrube blanc. } aa ℥ ıı
— de scordium.

Faites bouillir le tout dans quatre livres
d'eau, coulez à travers une étamine, et ajoutez

Oximel scillitique. . . ℔ ß
Vinaigre thériacal. . . ℥ ı
Nitrate de potasse. . . ℥ ııı

Cette décoction est employée comme stimu-
lante; elle convient dans les maladies putrides,
quand les malades expectorent difficilement.

Eau d'arquebusade de Théden.

Vinaigre.
Alcool à 36 degrés. } aa ℔ ııı
Acide sulfurique. . . ℥ x
Sucre en poudre. . ℥ xıı

Mêlez le tout et conservez-le dans un flacon
en cristal. Ce médicament est employé pour
déterger les ulcères sanieux, arrêter les hé-

morrhagies des plaies; pour les plaies gangre-
neuses, etc.

Eau diurétique camphrée de Fuller.

Eau de pariétaire. . . .	℔ ıı
Alcool.	℔ ß
Nitrate de potasse. .	aa ʒ ıv
Acide acétique. . .	}
Camphre.	ʒ vı

Faites dissoudre le camphre dans l'alcool,
ajoutez-y l'acide acétique et ensuite l'eau de
pariétaire, dans laquelle vous aurez fait également dissoudre le nitrate de potasse (sel de
nitre).

Cette eau est employée dans les hydropisies,
les obstructions de viscères, etc. La dose est
d'une cuillerée à bouche par heure.

Essence scillitique de Keup.

Vinaigre scillitique préparé avec le vinaigre distillé, ou bien avec le vinaigre de bois. .	ʒ xıı
Sous-carbonate de potasse.	ʒ ß

Dès que l'effervescence a cessé, on fait évaporer jusqu'à consistance de miel; on y ajoute
alors

Alcool à 30 degrés.	ʒ vı

Après quelques jours d'infusion, on décante.
Ce médicament est un acétate de potasse avec
un léger excès d'acide acétique en dissolution
dans l'alcool.

Il convient dans l'asthme et l'hydropisie. La

dose est de quarante à soixante gouttes dans six onces de tisane pectorale.

Fomentation de Richter.

Nitrate de potasse.	℔ i
Hydrochlorate d'ammoniaque.	℥ iv
Eau.	℔ xx
Vinaigre.	℔ ii

On fait dissoudre ces deux sels dans l'eau, et l'on y ajoute ensuite le vinaigre.

On trempe des compresses dans cette liqueur, que l'on emploie contre les contusions, les fractures, les luxations, etc.

Gargarisme odontalgique de Plenck.

Racine de pyrèthre.	℥ ii
Hydrochlorate d'ammoniaque.	℥ i
Extrait d'opium.	grains ii
Eau distillée de lavande.	} aa ℥ ii
Vinaigre distillé.	

Pulvérisez la racine de pyrèthre, l'opium et l'hydrochlorate d'ammoniaque, et faites-les infuser pendant huit jours dans le vinaigre et l'eau de lavande; au bout de ce temps, filtrez.

Ce gargarisme est employé à la dose d'une cuillerée pour calmer les douleurs des dents.

Le vinaigre entre aussi dans presque tous les gargarismes détersifs ou antiphlogistiques, avec une décoction d'orge, ou une infusion de fleurs de roses et le miel rosat.

Liqueur caustique du même.

Deuto-chlorure de mercure
(sublimé corrosif). . } aa ℥ ıı
Sulfate d'alumine (alun).

Camphre. . . . . } aa ℥ ıı
Céruse. . . . . .

Vinaigre concentré. . . } aa ℔ ß
Alcool à 36 degrés . . .

On cautérise les excroissances siphillitiques en les touchant avec cette liqueur.

Remède contre les tumeurs chroniques des articulations, de Purmann.

Solution d'hydrochlorate de soude. ℔ ıı
Vinaigre concentré. . . . . ℔ ı
Sulfate de cuivre (vitriol bleu). . ℥ ı ß
Sulfate d'alumine. . . . . . ℥ v ß
Feuilles de sauge. . . . . . . 2 poignées.

Faites infuser les feuilles de sauge dans la solution d'hydrochlorate de soude bouillante, coulez, et ajoutez-y les deux sels, et ensuite le vinaigre.

Ce médicament est employé pour les articulations tuméfiées.

Onguent égyptiac ou *Mellite d'acétate de cuivre.*

Sous-acétate de cuivre.
(vert-de-gris). . . . ℥ v
Miel. . . . . ℥ xıv
Vinaigre très-fort. . . ℥ vı

On réduit le vert-de-gris en poudre, et on le

met dans une bassine de cuivre avec le vinaigre, et l'on fait évaporer le mélange, en ayant
soin de le remuer, jusqu'à ce qu'il ait acquis la
consistance d'un sirop très-épais, ou mieux d'un
extrait un peu clair. Pendant l'opération, la liqueur, de verte qu'elle était, acquiert une couleur rouge. Cet effet tient à ce qu'une partie du
miel est charbonnée par l'action du calorique.
D'un autre côté, l'acide acétique se partage en
deux parties, dont l'une est décomposée; son
hydrogène et son carbone, ainsi que celui du
miel brûlé, se portent sur l'oxigène de l'oxide
de cuivre et le réduisent en formant de l'eau,
de l'acide carbonique et un peu d'esprit pyro-
acétique, qui se dégagent en partie. De sorte
que ce médicament, improprement appelé onguent, est un simple mélange de cuivre, qui lui
donne sa couleur rouge, de carbone, de miel
altéré, d'eau et de vinaigre.

On reconnaît que l'onguent égyptiac est suffisamment cuit quand, en en mettant un peu
sur du papier, il acquiert, par le refroidissement, la consistance d'un extrait mou.

Éther acétique.

Découvert par M. le comte de Lauraguais,
et étudié par Schéèle, Henry, Thénard, etc.
L'éther acétique est incolore et a une odeur
d'éther sulfurique et d'acide acétique; il n'altère point les couleurs bleues végétales; il entre en ébullition à 72°, sous la pression de 76°;

il brûle avec une flamme jaunâtre ; il est soluble dans six fois son poids d'eau ; il est aussi
très-soluble dans l'alcool. Son poids spécifique
est de 0,864 à la température de 12°. Lorsqu'on
le combine avec la potasse ou la soude caustique, il se décompose. Si l'on distille ce mélange, l'on obtient pour produit de l'alcool et
de l'acétate de potasse ou de soude, suivant
l'alcali que l'on a employé. Cet éther se produit pendant la fermentation vineuse, ainsi
que je l'ai déjà dit. Dans les pharmacies on
l'obtient en distillant à une douce chaleur

Alcool absolu. . . 100
Acide acétique. . . 67
Acide sulfurique. . 17

Le premier produit que l'on recueille est de
l'éther acétique presque pur. On le débarrasse
de l'excès de l'acide acétique qu'il contient en
l'agitant, pendant quelque temps, avec environ
un dixième de son poids de potasse, et enle-
vant la couche supérieure du liquide, qui est
l'éther pur. L'éther acétique n'est point de
même nature que l'éther sulfurique ; il forme,
avec les éthers nitrique et oxalique, la troisième classe des éthers de M. Thénard. L'éther
acétique est employé avec succès en frictions,
contre les douleurs rhumatismales, etc.

Je vais faire connaître quelques médicamens
dont il est un des principaux ingrédiens.

Baume acétique camphré de Pelletier.

Savon animal. } aa ʒ I
Camphre. }
Éther acétique. ʒ I
Essence de thym. gutt. x

Coupez le savon en petits morceaux, pulvérisez le camphre au moyen d'un peu d'éther, et
faites dissoudre le tout au bain-marie.

On emploie ce baume contre les rhumatismes, les sciatiques, les douleurs des articulations, etc.

Baume anti-arthritique de Sancher.

Savon animal aromatique. (1). } aa ʒ I
Éther acétique. }
Alcool de lavande ʒ IV
Camphre. ʒ II
Huile essentielle de menthe poivrée. }
—— de cannelle. }
—— de lavande. }
—— de muscade. } aa gutt. xv
—— de girofle. }
—— de sassafras. }

Faites fondre le savon à une douce chaleur.
D'autre part, dissolvez le camphre dans l'é-

(1) Ce savon animal aromatique se prépare avec
Moelle de bœuf. 6 onces.
Blanc de baleine. }
Huile concrète de noix muscade. } aa 1 once.
Lessive de soude caustique. quant. suffis.

ther acétique, et ajoutez-le à l'alcool de lavande ; combinez le mélange avec le savon
fondu, et versez-y ensuite les huiles volatiles.

Ce baume convient dans les rhumatismes chroniques et contre la goutte ; mais il est bon de
faire observer qu'il serait dangereux de l'employer pendant la période de l'inflammation.
On ne doit en faire usage que vers la fin d'un
accès, ou bien après, afin de donner un peu de
ton à la partie affectée.

Éther acétique cantharidé du Dr Double.

Éther acétique pur. . . . ℥ ıı
Cantharides en poudre. . ℥ ı

Laissez en infusion pendant deux jours dans
un flacon bouché à l'émeri ; filtrez, et conservez-le soigneusement. On l'emploie à la dose
de deux gros, en friction, dans les engorgemens
lents du tissu cellulaire, les paralysies, les rhumatismes chroniques, etc.

Éther acétique ferré de Klaproth.

Acétate de fer liquide. . ℥ ıx
Éther acétique. . . } aa ℥ ıı
Alcool. . . . . . . }

Mêlez ces trois substances. On l'administre
comme antispasmodique, depuis quinze jusqu'à
quarante gouttes.

Savon acétique éthéré de Pelletier.

Ether acétique. . ℥ ı
Savon animal. . ℥ ı

On coupe le savon en rubans très-minces, et on le fait dissoudre au bain-marie, avec l'éther. Ce liniment est administré en frictions dans les douleurs sciatiques et rhumatismales.

Nous allons maintenant examiner un autre genre de préparations dont le vinaigre est la principale base.

Oxycrat d'Andry contre la colique de plomb.

Vinaigre. . ℥ ıı
Eau. . . . . ℔ ıı

On en boit un verre chaque trois ou quatre heures.

Oximel pectoral, dit d'Édimbourg.

Miel. . . . . ℔ ß
Gomme ammoniaque. . . ℥ ı
Racine d'aunée. . . . } aa ℥ ß
— d'iris de Florence. }

Contusez ces racines, et faites-les bouillir dans vingt onces d'eau, jusqu'à ce qu'elles soient réduites au tiers.

Pulvérisez la gomme ammoniaque, et faites-la dissoudre dans trois onces de bon vinaigre; mêlez cette dissolution à la décoction; passez, ajoutez le miel, et faites cuire en consistance sirupeuse.

La dose est d'une once à une once et demie chaque jour, lors des affections catarrhales.

Oximel pectoral des Danois.

Racine d'inula helenium. . . ℥ 1
Iris de Florence. . . . . . ℥ ß

Concassez ces racines, et faites-les bouillir dans deux livres d'eau ; passez à l'étamine.

D'autre part, prenez

Gomme ammoniaque. ℥ 1
Vinaigre. . . . . ℥ iv

Faites dissoudre la gomme dans le vinaigre, ajoutez cette dissolution à la décoction en même temps que le miel, et faites cuire cet oximel jusqu'à consistance sirupeuse.

On administre ce médicament par cuillerées, dans les asthmes humides, les rhumes chroniques, etc.

Nous allons joindre aux vinaigres composés la plupart des préparations dans lesquelles entre le vinaigre. Nous les diviserons en oximels ou sirops de miel, en sirops et en sels.

OXIMELS.

Oximel simple.

Miel blanc de Narbonne. 1 livre.
Vinaigre blanc, ... 8 onces,

On met ces deux substances dans un poêlon d'argent, et on les fait évaporer à une
douce chaleur jusqu'à consistance sirupeuse,
en ayant soin d'enlever l'écume qui se forme
pendant la première ébullition. Cet oximel est
regardé comme un bon incisif, etc.; il fait
partie d'un grand nombre des gargarismes. A
l'intérieur, la dose est depuis deux gros jusqu'à
une once, dans une infusion incisive ou pectorale.

OXIMELS COMPOSÉS.

Oximel colchique.

Vinaigre colchique.　1 livre,
Miel blanc. . . . 2 *id.*

On le prépare comme le précédent.

Storck le regarde comme un bon diurétique;
il le recommande dans les maladies séreuses, et
surtout contre l'hydropisie. La dose est d'un
gros, matin et soir; au bout de trois ou quatre
jours, on la porte à trois ou quatre prises par
jour, dans du thé.

Oximel scillitique.

Vinaigre scillitique. 1 livre.
Miel blanc. . . . 2 *id.*

Préparez comme les précédens.

Cet oximel est très-incisif, résolutif et dés-
obstruant. Il est souvent employé dans les
loochs pectoraux, les tisanes béchiques, etc.,

dans les maladies de poitrine, l'asthme, etc. : la dose est d'un gros à une once.

SIROPS DE VINAIGRE.

Sirop simple à froid.

Bon vinaigre. . . . . 1 liv.
Sucre blanc, en poudre grossière. 1 *id.* 14 onc.

Faites dissoudre, au bain-marie, dans un poêlon d'argent, et passez à travers une étamine.

Ce sirop est rougeâtre ou jaunâtre, suivant qu'on a employé du vinaigre rouge ou jaunâtre; il est très-rafraîchissant, diurétique, antiputride, et convient dans les maladies inflammatoires. La dose est de demi-once à une once et demie, dans un verre d'eau ou de tisane appropriée.

Sirop de vinaigre framboisé.

On prépare ce sirop de la même manière que le précédent, avec cette différence qu'on doit employer du vinaigre framboisé au lieu de vinaigre ordinaire.

Lorsqu'on n'a que de la cassonade ordinaire pour faire ces sirops, on en prépare des sirops bien clairs, auxquels on ajoute, lorsqu'ils sont cuits à la plume, environ une livre de vinaigre pour chaque deux livres de cassonade.

5

Comparaison des divers vinaigres.

D'après ce que nous venons d'exposer, il est bien évident que le vinaigre de bois, comme celui qui est connu sous le nom de vinaigre radical, sont les plus purs, et que, par conséquent, ils doivent être préférés dans leur application aux arts. Il n'en est pas de même dans leur emploi économique. Ces vinaigres sont rudes, tandis que ceux de vin sont plus moelleux à cause de la liqueur alcoolique éthérée, du surtartrate de potasse, de la matière mucilagineuse, des sels, et quelquefois de quelques autres acides végétaux qu'ils contiennent. Les vinaigres provenant du cidre, du poiré, de la bière, du miel, etc., ont un goût particulier et bien distinctif de celui du vin: ils n'ont point de surtartrate de potasse (crême de tartre). On a tenté de les rendre analogues à ceux du vin en y ajoutant de ce sel; mais, quoiqu'on en améliore ainsi la qualité, cependant ce n'est pas au point de pouvoir rivaliser avec les autres.

Tout le monde connaît les nombreuses applications du vinaigre aux divers besoins de la vie ; nous allons donc exposer en raccourci son emploi dans la médecine, les arts et l'économie domestique. Comme nous avons parlé déjà de l'application de l'acide pyroligneux et de l'acide acétique aux arts, nous nous bornerons à parler des acétates.

CINQUIÈME PARTIE.

§ Ier,

Vertus médicales du vinaigre.

Nous avons déjà fait connaître les vertus médicales des vinaigres composés ; nous allons exposer maintenant celles du vinaigre simple.

Cet acide est d'un très-grand emploi, tant comme moyen hygiénique que comme moyen curatif. Sous ce dernier point de vue, il est considéré comme un bon antiseptique, rafraîchissant et calmant. Il peut être employé dans tous les cas où les acides minéraux faibles sont indiqués. Il convient aussi dans les lipothymies, ainsi que dans l'asphyxie. En fumigations, ou en arrosant les chambres des malades, il contribue à leur assainissement et à musquer l'odeur qu'elles ont contractée.

On en fait également usage dans les évanouissemens, soit en frictions sur les tempes, soit en le faisant respirer : il est alors excitant et antispasmodique. Il est aussi employé en frictions pour détruire l'engorgement de quelques organes, pour les tumeurs anévrismales, et contre la céphalalgie. On l'ajoute à quelques pédiluves pour les rendre plus révulsifs.

Ce vinaigre avait été préconisé comme un bon antidote de l'opium; M. Orfila a démontré que, bien loin d'en être le contre-poison, il en augmentait l'action meurtrière lorsqu'ils se trouvaient ensemble dans le canal digestif, mais que l'eau vinaigrée était le meilleur médicament pour combattre les symptômes développés par ce poison.

APPLICATION DU VINAIGRE AUX ARTS.

Acétates ou Sels de vinaigre.

Nous allons nous borner à l'examen des acétates, comme étant presque les seules préparations acétiques employées dans les arts. Ces sels sont le résultat de la combinaison du vinaigre avec les bases salifiables. Nous avons déjà annoncé les principaux : nous allons indiquer leur mode de préparation. Nous dirons auparavant que les acétates ont pour caractère d'être complètement décomposés par le calorique(1), et de donner de l'acide pyro-acétique,

(1) L'acétate d'ammoniaque fait exception à cette règle ; le sel se sublime.

de l'acide acétique, du gaz acide carbonique, du gaz hydrogène carboné, et de l'eau. Dans les acétates alcalins et terreux, la décomposition de l'acide acétique est presque complète ; avec les bases métalliques, elle n'est que partielle.

L'eau dissout tous les acétates ; si ce liquide est en quantité et que l'on expose quelque temps la solution à l'air, le sel est décomposé.

Tous les acides dits minéraux dégagent l'acide acétique de ses combinaisons salines.

Acétate d'ammoniaque.

Ce sel est connu dans les pharmacopées sous le nom d'*esprit de Mindererus*. Il existe dans l'urine putréfiée et le bouillon gâté ; il est liquide ; lorsqu'on l'évapore rapidement, il perd une partie de son ammoniaque et se sublime en aiguilles déliées ; il a une saveur piquante : on l'obtient en saturant l'acide acétique par l'ammoniaque.

Ce sel est sudorifique et antispasmodique. On le donne dans cinq ou six onces de véhicule, à la dose de deux gros à une once et demie. Il est très-recommandé dans le typhus, les fièvres putrides, malignes, dans la petite vérole, les gouttes rentrées, à la fin des rhumatismes aigus, etc. Ce sel est aussi préconisé contre les effets de l'ivresse : on le donne à la dose de vingt-quatre à trente gouttes dans un verre d'eau.

Acétate d'alumine.

On prépare ce sel en décomposant le sulfate d'alumine (alun) par l'acétate de plomb. Ce sel est liquide, inodore, saveur astringente et sucrée; il cristallise difficilement. Évaporé à siccité, il se convertit en sous-acétate qui est insoluble, et en acide acétique. Le même effet a lieu si on l'expose à une température de 50° à 60° c.

Cet acétate est très-employé pour fixer les couleurs sur les indiennes.

Acétate de potasse, sel diurétique, terre foliée de tartre, sel essentiel du vin, etc.

Ce sel existe dans la sève de tous les végétaux. On le prépare en faisant dissoudre du sous-carbonate de potasse très-pur dans de l'acide acétique concentré et incolore; quand la liqueur est réduite à moitié par l'évaporation, on y ajoute un peu de charbon animal pour en opérer la décoloration; on filtre, et l'on fait évaporer à siccité dans une bassine d'argent. Le sel ainsi obtenu est alors très-blanc, en petits feuillets, d'une saveur piquante, très-déliquescent, et susceptible de cristallisation par une évaporation lente.

L'acétate de potasse est diurétique et fondant. On l'emploie dans les engorgemens des viscères, l'ictère, l'hydropisie, les fièvres intermittentes, etc. La dose est de demi-gros à demi-once par jour.

Acétate de soude, terre foliée cristallisée.

. Même préparation et mêmes propriétés du précédent. Il en diffère cependant en ce qu'il est susceptible de cristalliser en prismes. On l'obtient aussi par la décomposition double de l'acétate de chaux par le sulfate de soude. Il sert alors à la préparation de l'acide acétique.

Acétate de fer.

On peut obtenir trois acétates de fer :

1° Le proto-acétate, en traitant par la chaleur et sans le contact de l'air la tournure de fer par l'acide acétique concentré. Dans ce cas, l'eau est décomposée ; son oxigène se porte sur le fer et l'oxide ; tandis que son hydrogène se dégage.

2° Les deuto et tritacétate, en dissolvant le deuto ou tritoxide de fer dans le même acide.

3° Le procédé dans les manufactures, pour obtenir le tritacétate de fer, consiste à traiter la limaille de fer par l'acide acétique, ou l'acide pyro-acétique avec le contact de l'air. Dans ce cas, l'oxigène de l'air et celui de l'eau concourent à l'oxidation du fer. Le tritacétate de fer est liquide, très-soluble et incristallisable. Sa solution évaporée se convertit en sous-acétate insoluble, que l'eau change bientôt en peroxide de fer. Il est employé dans les manufactures de toiles peintes pour les couleurs rouille et comme base des couleurs noires.

Sous-acétate de deutoxide de cuivre, verdet, vert-de-gris.

En France, ce sel est fabriqué dans les départemens de l'Aude et de l'Hérault. Le procédé généralement suivi consiste à prendre des plaques de cuivre minces, à les battre, et à les chauffer à environ 50 degrés. On les trempe alors dans du vin chaud ou du vinaigre. On place sur le sol une couche de bon marc de raisin, et, par-dessus, une couche de plaques de cuivre, et successivement. Au bout d'un mois ou d'un mois et demi, suivant le degré de spirituosité du marc, les plaques sont couvertes d'une couche verdâtre. On les enlève, et on les place l'une à côté de l'autre transversalement; on les arrose ensuite plusieurs fois avec de l'eau acidulée par le vinaigre, et quelquefois avec de l'eau. Cette couche de sel se gonfle, et l'on voit se former une efflorescence blanchâtre qui offre sur les bords de longues aiguilles, et qui se sépare facilement de ces plaques : c'est alors que le vert-de-gris est fait. On le râcle, et on laisse reposer les plaques quelque temps, pour reprendre ensuite cette opération. Il est bon de faire observer qu'en hiver, tant qu'elle dure, on chauffe l'atelier de manière à entretenir la température à 20°.

Ce sel est vert, insoluble en partie dans l'eau, et indécomposable par l'acide carbonique. Traité par l'eau, l'acétate neutre s'y dissout, et l'oxide hydraté se précipite. Par l'action du calorique, le métal est réduit. Il est composé, d'après M. Proust, de

Acétate de cuivre neutre. 43
Hydrate de cuivre. . . 37,5
Eau. 15,5
_____
96 0

Le vert-de-gris est employé dans la peinture ; en médecine, il entre dans la composition de quelques médicamens, etc.

Acétate de cuivre, verdet cristallisé, cristaux de Vénus.

On prépare ce sel en faisant dissoudre le vert-de-gris dans le vinaigre, filtrant la dissolution et la faisant cristalliser. L'acétate de cuivre a une saveur styptique et sucrée ; il est soluble dans l'eau et dans l'alcool, et cristallise en rhombes très-réguliers. Le calorique le décompose ; il s'en dégage de l'acide acétique coloré par un peu d'oxide qu'il entraîne, et il se sublime en même temps, suivant la remarque de Vogel, un peu de cet acétate anhydre, qui est en cristaux d'un blanc satiné. Ce sel est composé de

Acide acétique. . . . 51,29
Deutoxide de cuivre . 39,5
Eau. 9,06
_____
99,85

S

Cet acétate est employé dans la peinture, pour le vert d'eau, pour le lavis des plans, pour préparer le vinaigre radical, etc. On le conseille en médecine comme excitant ; mais il est si délétère, que nous n'hésitons point à en proscrire l'emploi.

La couche de cette substance verte qui se forme sur les vases de cuivre, et à laquelle on donne le nom de vert-de-gris, est un sous-carbonate de cuivre qui est même plus vénéneux que le verd-de-gris du commerce.

Sous-Acétate de plomb, extrait de Saturne.

On obtient ce sel en faisant bouillir un excès de litharge, réduite en poudre fine, avec du vinaigre, ou bien en faisant également bouillir l'acétate de plomb avec ce même oxide. Le Codex, de Paris, donne la formule suivante (1) :

> Acétate de plomb cristallisé. 3
> Litharge en poudre calcinée. 1
> Eau distillée. 9

Faites bouillir jusqu'à ce que l'oxide ou la litharge soit dissous, et que la liqueur marque 30ᵘ

(1) M. Thénard recommande de prendre une partie d'acétate, 2 d'oxide de plomb calciné, et de les faire bouillir avec 25 d'eau pendant vingt minutes.

à l'aréomètre ; en cet état, il porte le nom d'extrait de Saturne. Si on continue l'évaporation, il cristallise en lames blanches et opaques d'une saveur sucrée, verdissant le sirop de violettes ; il est inaltérable à l'air, soluble dans l'eau, et décomposable par tous les sels neutres et par l'acide carbonique, qui y produisent un précipité blanc ; la gomme, le tannin, ainsi que la plupart des substances animales, le décomposent. Il est formé de

Acide acétique. . . 100
Protoxide de plomb. 656.
————
756

Ce sel est très-utile dans la teinture, et pour préparer le blanc de plomb, le blanc de céruse, etc. En médecine, quelques gouttes dans l'eau constituent l'*eau de Saturne*, connue également sous le nom d'*eau de Goulard*, d'*eau végéto-minérale*, etc. A l'intérieur, son emploi exige une main prudente, à cause de ses effets délétères.

Il y a un autre sous-acétate de plomb qui contient :

Acide acétique. . . 100
Protoxide de plomb. 1608.

Acétate neutre de plomb, sel ou sucre de Saturne.

● Cet acétate se prépare en faisant bouillir du vinaigre avec la litharge calcinée et pulvérisée (1), agitant constamment le mélange, filtrant, et faisant cristalliser par l'évaporation.

Ce sel ainsi obtenu est en longs prismes te-traèdres, terminés par des sommets dièdres, d'une saveur très-sucrée et astringente, ne rougissant pas le sirop de violettes, plus efflo-rescent à l'air que le précédent; l'eau bouillante en dissout plusieurs fois son poids, et cette so-lution bout à la même température que l'eau. Le calorique dégage une partie de l'acide de ce sel; les sulfates solubles et l'acide sulfurique le décomposent et le précipitent en sulfate de plomb insoluble. L'acétate neutre peut dis-soudre un poids égal au sien de protoxide de plomb; il est composé de

Acide acétique. . . . 100
Protoxide de plomb. 217,66?

Il est très-employé dans les arts, comme le précédent; en médecine, il est considéré comme répercussif, astringent et dessiccatif. On en a fait usage, avec quelque succès, comme sti-mulant, dans les phthisies tuberculeuses et pour arrêter les hémorragies passives du poumon et de l'utérus, pour arrêter les écoulemens sy-philitiques, etc. La dose à l'intérieur est de 1 à 2 grains par jour, qu'on porte graduellement à 8, et qu'on donne dans 8 onces de véhicule.

(1) La litharge doit être calcinée pour décompo-ser le carbonate de plomb qu'elle contient, et que l'acide acétique n'attaquerait point.

On doit être très-prudent sur son emploi, car ce sel est très-vénéneux.

Sel volatil de vinaigre.

Ce sel, également connu sous le nom de sel essentiel de vinaigre, n'est autre chose que du sulfate de potasse concassé, dont on remplit un flacon en cristal, et qu'on arrose ensuite avec du vinaigre radical : on peut l'aromatiser aussi avec une essence quelconque.

APPLICATION DU VINAIGRE A LA CONSERVATION DES SUBSTANCES ALIMENTAIRES.

De temps immémorial, on a constaté les vertus antiseptiques du vinaigre à l'égard des substances alimentaires ; nous allons, pour rendre notre ouvrage plus complet, en offrir quelques exemples.

Conservation des substances animales.

M. Mackensie pense que l'acide pyroligneux, ou vinaigre de bois impur, deviendra le corps dont on fera le plus d'usage comme antiseptique, pour les substances animales. On sait, en effet, que les acides sont de très-bons antiputrides, et que le vinaigre est employé de temps immémorial pour conserver plus ou moins de temps les viandes. L'acide pyroligneux, qui est

à plus bas prix, et qui communique aux viandes ce goût particulier de fumée acide qu'ont
les jambons et les harengs saurs, est préféré au
vinaigre; il agit sur les substances animales
comme la fumée du bois. Il y a cependant des
différences dans la manière d'opérer. Pour les
viandes, la réaction a lieu pendant la distillation de l'acide. Pour le poisson, on le plonge
dans l'acide tout préparé.

M. Houston (1) s'est occupé, dans les États-
Unis, de la conservation des viandes par l'acide
pyroligneux. Il sala six morceaux de bœuf de
quinze livres chacun, il les mit dans la sau-
mure pendant quelques semaines, et les fit sus-
pendre ensuite pendant un jour. Après ce temps,
il les humecta à l'aide d'une brosse trempée dans
de l'acide pyroligneux. Quelques jours après,
cette viande avait toutes les apparences du bœuf
fumé, et surtout l'odeur et le goût; des langues
et des jambons ainsi préparés réussirent également bien. M. Houston a été plus loin; sous le
rapport de l'économie, il assure que l'emploi
de cet acide l'emporte sur la préparation à l'a-
cide de la fumigation, qui coûte quarante sous
par quintal de viande, tandis que par l'acide
pyroligneux cela ne dépasse pas sept sous. Il
est bon de faire observer aussi que, par la fumigation, la viande perd un tiers de son poids,
tandis qu'au moyen de l'acide elle ne perd rien
et conserve son jus. Ce chimiste croit qu'on

(1) Celebration of the birth-day of Linnæus.

pourrait préparer et conserver ainsi les harengs et le saumon, au lieu de les saurer.

Conservation des substances végétales.

Puisqu'il est bien reconnu que le vinaigre préserve de la putréfaction, plus ou moins de temps, les substances animales, il est bien évident qu'il doit produire le même effet sur les végétales, dont la décomposition n'est pas aussi prompte : c'est ce qui a lieu. On a tiré parti de cette connaissance dans les ménages, pour la conservation de quelques alimens. Notre but n'est point d'en faire ici l'énumération; nous allons nous borner aux principaux.

Des câpres, caparis spinosa.

Cette préparation est des plus simples. On prend les câpres vertes, on les met dans du bon vinaigre avec un peu de sel et d'estragon : elles se conservent ainsi pendant plusieurs années.

On prépare de la même manière les graines vertes de capucine, *tropeolum majus.*

Cornichons, cucumis sativus.

On prend des cornichons bien sains, on les frotte légèrement à la surface (quelques personnes les piquent même avec une grosse épingle), on les met dans un bon vinaigre auquel on ajoute un peu de sel, de l'estragon, des graines de capucine, et les autres substances alimentaires que l'on veut conserver en même temps. A Saint-Omer, on fait un commerce de cornichons confits au vinaigre; ils ont même beaucoup de réputation à cause de leur fermeté et de leur couleur verte.

Ognons, allium sepa.

On choisit de très-petits ognons blancs que l'on monde soigneusement, et on les conserve ensuite dans du bon vinaigre dans lequel on met du sel et un peu d'estragon, etc.

On prépare de la même manière les petits épis de millet, les petits melons coupés par tranches, les petits pois, le petit piment ou poivre long, etc.

Poivrons.

En Espagne et dans le midi de la France on fait une grande consommation de poivrons: leur conservation est des plus simples. On les cueille par un temps sec, on coupe soigneusement les queues, et on fend en quatre les plus gros et les moyens, sans toucher aux petits. En cet état, on les place dans du bon vinaigre. Les poivrons, ainsi préparés, se conservent plusieurs années sans altération.

Bigarreaux.

Choisissez les bigarreaux lorsqu'ils commencent à mûrir, enlevez les queues, plongez-les dans l'eau bouillante, faites-les égoutter, et, lorsqu'ils seront séchés, mettez-les dans du bon vinaigre avec du sel, de l'estragon, etc.

Tomates ou *pommes d'amour*, solanum lyco-persicum.

On choisit les tomates bien saines, on les cueille, et on les expose pendant quelques jours au soleil; on les nettoie ensuite, et on les introduit dans une forte dissolution de sel marin. Au bout de quelques jours, on les en tire pour les placer dans un pot rempli de bon vinaigre.

Haricots verts.

Choisissez les haricots bien verts, d'une moyenne grosseur, épluchez-les soigneusement, faites-les blanchir en les jetant dans l'eau bouillante, laissez-les égoutter, et, lorsqu'ils seront presque secs, mettez-les dans un pot contenant une dissolution de sel de cuisine; retirez-les le lendemain, et mettez-les dans un nouveau pot contenant deux tiers d'eau et un tiers de vinaigre, avec une poignée de sel pour chaque pinte; couvrez le liquide avec de l'huile, ou mieux avec du beurre frais. Quand on veut manger de ces haricots, on les laisse tremper quelques heures dans l'eau avant de les faire cuire.

On conserve de cette manière les asperges, dont on sépare auparavant le blanc, ainsi que les concombres, dont on a enlevé les graines; les artichauts, mondés des grosses feuilles, etc. Un grand nombre de personnes sont dans l'usage de faire bouillir le vinaigre quelques jours après que ces fruits y ont été immergés, et d'autres blâment cette méthode sans cependant en donner aucune bonne raison. Nous croyons devoir éclaircir ce point. Il est bien reconnu que le vinaigre faible, abandonné à lui-même, surtout s'il contient quelque substance fermentescible, ne tarde pas à se moisir et à se décomposer. Or, si l'on emploie pour la conservation de ces substances alimentaires un vinaigre un peu faible, et que ces substances soient riches en eau de végétation, comme les concombres, le melon, les cornichons, les pommes d'amour, il est évident que le vinaigre s'en emparera d'une partie, ainsi que des élémens constitutifs du ferment, et ne tardera pas à se moisir et à se décomposer. Le contraire aura lieu si l'on prend du vinaigre très-fort, ou, ce qui revient au même, si on fait bouillir, après l'immersion, pendant quelques jours, des substances alimentaires dans cet acide qui, se trouvant moins volatil que l'eau, se concentre par conséquent par l'ébullition, tandis que les matières extractives se décomposent. En filtrant ce vinaigre, ainsi réduit aux deux tiers, ou à moitié de son volume, suivant sa force, on n'a plus à craindre sa décomposition. Il est bon aussi de faire observer que lorsqu'on observe qu'il est survenu sur les pots une grande quantité de moisissure, c'est une preuve que l'altération du vinaigre est très-avancée, et que, si l'on veut conserver ces substances, il faut absolument le

remplacer par un autre vinaigre très-fort. Il est
inutile de dire que tous ces vases doivent être
bien bouchés, car il est bien reconnu que dans
le vinaigre, même seul, exposé au contact de
l'air pendant plusieurs jours sans être couvert,
surtout en été, il se développe des espèces d'anguilles qui sont douées d'une grande agilité, et
qui sont quelquefois assez grosses pour être distinguées sans microscope.

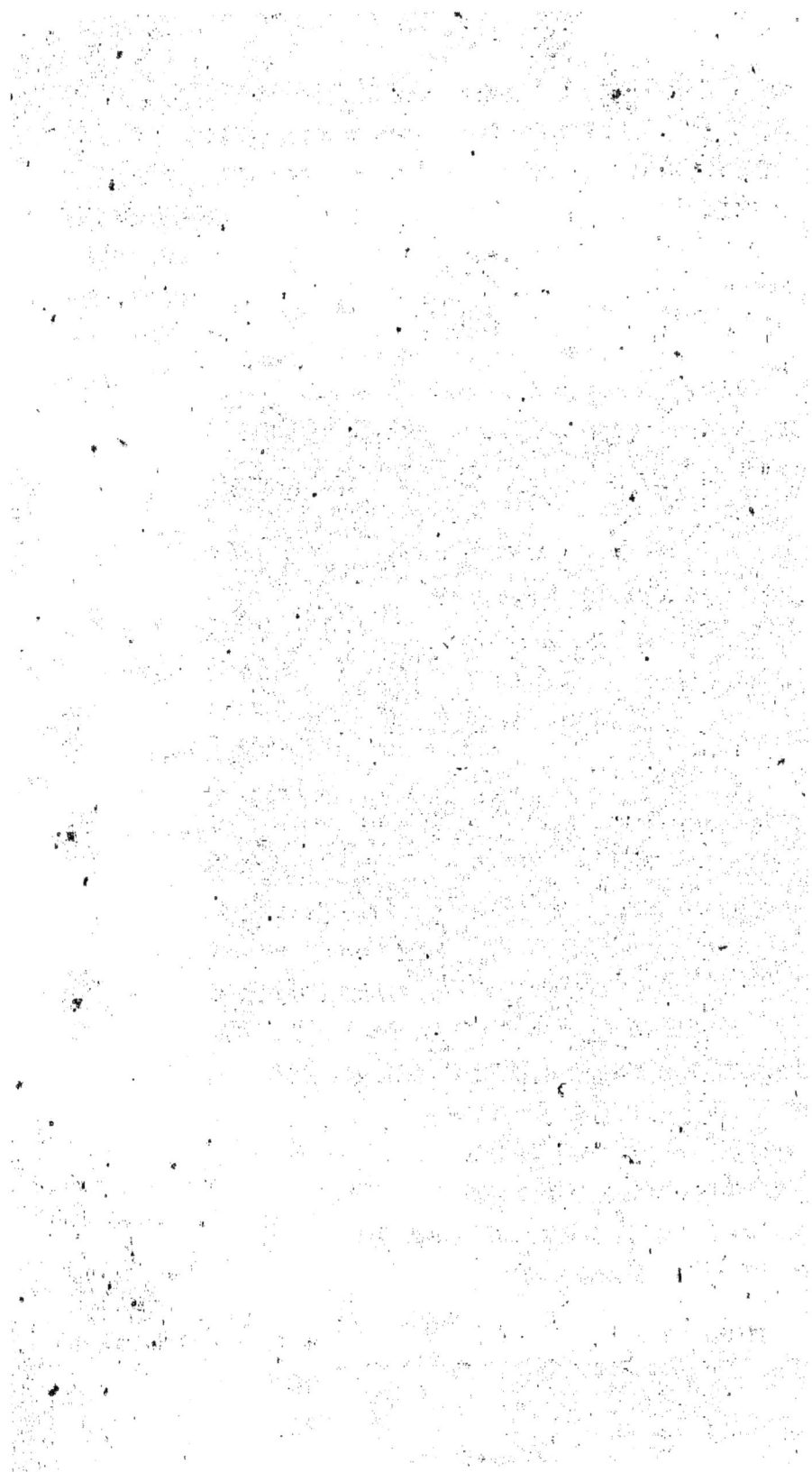

ART

DU MOUTARDIER.

AVANT-PROPOS.

Le propre de l'esprit humain est de courir après la nouveauté au lieu de s'attacher à tirer parti des connaissances déjà acquises. En médecine, comme dans la plupart des arts industriels, bien des gens cherchent à s'accréditer au moyen de quelques prétendus secrets, ou bien au moyen de certains spécifiques ; aussi voyons-nous journellement une foule de médicamens nouveaux, annoncés avec emphase, prônés outre mesure par leurs auteurs, et bientôt plongés dans l'oubli. Un nom pompeux, un pays éloigné, un prix exorbitant, sont bien souvent les seuls garans de leurs propriétés. Amis du merveilleux, tout ce qui vient de l'étranger nous semble porter l'empreinte de la bonté, et presque toujours le vulgaire calcule les effets des médicamens par le prix, comme, dit le chancelier Bacon, si l'or pouvait faire rebrousser plus vite chemin à la mort (1).

(1) *Analyse de la philosophie de Bacon.*

Nous avons une infinité de *Flores* qui annoncent la plupart les vastes connaissances de leurs auteurs, sans que la médecine en ait retiré de grands avantages. C'est ce qui a fait dire à mon aïeul (1) que la botanique ne serait qu'un objet de curiosité, si elle ne s'appliquait à l'art de guérir. Quand on veut qu'elle soit utile, c'est celle de son pays qu'on doit le plus étudier, parce qu'il est plus commode d'employer ce qu'on a sous la main, et que souvent ce qui vient de loin n'en vaut pas mieux. Convaincu de cette vérité, je m'étais attaché à l'étude des végétaux indigènes, afin de les substituer aux exotiques; la moutarde avait surtout fixé mon attention, et les Sociétés royales de Médecine de Marseille et de Toulouse, auxquelles j'avais présenté mon travail, me recompensèrent au-delà de mes espérances, en me décernant une double médaille. Jaloux de justifier de si honorables suffrages, je donnerai ici un extrait de mes recherches, et ce sera sur elles que j'établirai la théorie de l'*Art du Moutardier*.

(1) Fontenelle, *Éloge de Tournefort.*

ART
DU MOUTARDIER.

LE Vinaigrier, ou le fabricant et marchand de vinaigre, préparait aussi deux sauces connues sous les noms de verjus et de moutarde; c'est pour cette raison qu'à la suite de l'art de fabriquer le vinaigre nous avons cru nécessaire, à l'instar de Demachy, de donner une idée de l'art du moutardier.

On n'est pas d'accord sur l'origine du mot *moutarde*. Boërhaave pense que ce nom lui vient de *mustum ardens*(1), parce que de temps immémorial on prépare, avec cette semence et le moût, la sauce qui porte le nom de moutarde. Quelques auteurs font dériver ce mot de *moult*, beaucoup, et *ardre*, brûler. Les Dijonnais prétendent au contraire que cette dénomination provient d'un trait de reconnaissance d'un de nos rois, pour l'héroïque défense qu'avaient faite les Bourguignons, en leur donnant pour devise à leur écu ou armes, ces trois mots : *moult me tarde*. La première étymologie nous paraît plus naturelle et plus vraisemblable.

(1) *Wedel, Exercit.*, tom. VI, decad. 7.

..6

Quoi qu'il en soit, l'art de préparer la moutarde en France est très-ancien, et plusieurs villes, telles que Dijon, Noyon, Soissons, etc., en ont fait l'objet d'un commerce spécial.

Avant de passer à la préparation de la moutarde, nous croyons qu'il est beaucoup plus convenable de nous livrer à son analyse chimique, parce que de la connaissance de ses principes constituans doit nécessairement découler une nouvelle source d'instruction pour la pratique de cet art, si toutefois c'en est un.

D'après les bons effets que les médecins anciens et modernes ont obtenus de la moutarde, je me suis livré à son examen chimique. Il serait à désirer, pour le bien de la science, qu'on entreprît un pareil travail sur toutes les substances connues par l'énergie de leurs propriétés médicamenteuses ; on éviterait par ce moyen une foule d'erreurs. Je ne connais aucun auteur qui se soit occupé avant moi, d'une manière particulière, de l'examen chimique de cette substance. L'analyse que je vais offrir, sans avoir le degré de précision que celle des substances minérales exige, n'en est pas moins curieuse par les résultats que j'ai obtenus : je ne crains pas même d'avancer qu'elle présente des faits peu observés. Je me suis particulièrement attaché à reconnaître les substances qui offrent quelque intérêt, et celle surtout à qui la propriété vésicante est due. Une telle étude ne peut qu'être utile au fabricant de moutarde, dans un temps où l'on s'attache à arracher

les arts à l'empyrisme auquel ils étaient en
proie.

La moutarde était connue de temps immémorial sous le nom de *sénevé*. Dans la *Belgi-
que*, en *Italie*, avons-nous dit, on en faisait une
préparation avec le moût, à laquelle on donnait le nom de *mustum ardens, moût ardent*,
d'où dérive celui de *moutarde* (1), de manière
qu'il en est résulté qu'on a fini par substituer
au véritable nom de cette semence, celui d'une
de ses préparations. Dans les auteurs les plus
anciens on la trouve décrite sous le nom de
sénevé, et dans les modernes, quelquefois sous
ce dernier, mais presque toujours sous celui
de *moutarde*.

Cette plante a été rangée, par le célèbre
Linné, dans la pentandrie monogynie, sous le
nom de *synapis alba et nigra*. On en compte
environ vingt espèces, et quoiqu'elles jouissent
presque toutes des mêmes propriétés, on donne
cependant la préférence à la grande ou *sénevé
ordinaire*. La moutarde est assez commune ;
elle vient naturellement sur les bords des fos-
sés et des grands chemins, autour et dans les
champs cultivés, etc., celle du commerce est un
mélange des *synapis alba et nigra*. On regarde
cette dernière espèce comme plus énergique.
J'ai opéré sur les deux réunies. Par la culture,

_____

(1) *In Italia cum musto conterebatur, unde dixe-
runt mustum ardens, hinc mustardum.* H. Boër-
haaye. *Historia Plantarum.*

cette semence devient meilleure. Celles qui nous viennent d'Angleterre et de Villefranche, près de Toulouse, en sont un exemple. On en ramasse beaucoup annuellement à un quart de lieue de Narbonne, sur les bords d'une petite rivière dite *la Mayral*, où cette plante croît naturellement.

EXAMEN CHIMIQUE DE LA MOUTARDE.

La moutarde récemment pilée a une saveur âcre, amère et très-piquante. Elle coagule le lait; unie au sang, récemment extrait, elle donne lieu à la formation de la couenne inflammatoire, et hâte sa putridité (1).

Si l'on triture cette graine en poudre avec la potasse caustique, il ne se produit aucun dégagement sensible d'ammoniaque, quoique quelques auteurs l'aient avancé. Si l'on étend d'eau ce mélange, elle prend un aspect laiteux. Si au lieu de la potasse on emploie la chaux, il se développe une odeur légère d'ammoniaque. Mille grammes de sénevé, réduit en pâte par le pilon et soumis à l'action d'une forte presse, ont donné 190 gram. 66 d'une huile très-douce et d'une couleur ambrée (2). Cette huile s'est

---

(1) *Vid. Paletta, Advers. Chirurg. apud Murray;* et le *Dictionnaire des Sciences médicales.*

(2) M. Thieberge a obtenu une huile d'une couleur un peu verdâtre, avec une légère odeur de moutarde qu'il attribue à un peu d'huile volatile. Je

conservée deux ans sans se rancir, quoiqu'elle
fût dans un flacon qui n'était rempli que jusqu'aux deux tiers. Par les grands froids de 1808,
cette huile ne s'est point figée, mais seulement
épaissie et décolorée, ce qui la rend propre à
l'horlogerie. Ce fait ne s'accorde pas avec l'opinion de Fourcroy, qui assure que les huiles qui
se figent le plus vite sont les moins altérables,
et que celles qui sont difficilement congelables
sont les plus sujettes à se rancir (1).

Sa pesanteur spécifique est un peu plus forte
que celle d'olive; elle est à celle de l'eau : :
9202 : 1000. Cent parties d'éther en poids en
dissolvent vingt-trois de cette huile, tandis
qu'il faut plus de 1000 parties d'alcool à 36 degrés pour en dissoudre une. Unie à la soude
caustique, elle donne un savon très-ferme et
d'une couleur jaunâtre.

Action du calorique.

Les graines de moutarde, jetées sur les charbons ardens, brûlent avec beaucoup de flamme.
Un kilogramme ayant été introduit dans une
cornue et soumis à la distillation, a donné d'a-
bord une eau fétide de couleur brunâtre, légèrement acide; ayant augmenté le feu, j'ai ob-

pense qu'on doit attribuer cette différence dans les
produits à ce que ce chimiste a employé, pour extraire cette huile, des plaques chauffées, tandis que
j'ai opéré à froid.

(1) *Système des Connaissances chimiques.*

tenu 26 grammes d'une huile rougeâtre, d'une
odeur et d'une saveur âcre, piquante et insupportable, enfin du gaz acide carbonique, des traces de carbonate d'ammoniaque et de gaz hydrogène carboné, d'une odeur insupportable ; enfin
à ces gaz ont succédé des vapeurs jaunâtres.
La liqueur obtenue était sans action sur l'infusion du tournesol. Le nitrate d'argent y pro-
duisait un précipité noir, ce qui annonce la
présence du soufre, et la potasse caustique, par
la trituration, en dégageait de l'ammoniaque, ce
qui prouve d'une manière indubitable l'existence de l'azote dans ce produit. Ces expériences sont conformes à celles de notre savant
confrère M. *Thiebirgç*. Quelques chimistes ont
avancé, d'après Margraaff, que la moutarde
ainsi traitée donnait du phosphore. J'avoue
que je n'ai pu en obtenir le moindre indice. Sur
ce point, mes expériences se trouvent conformes
au sentiment de l'illustre *Berthollet*, qui annonce que les auteurs n'ont pu en obtenir un
atome de ce corps combustible, en distillant
les semences de synapis, seule matière qu'on ait
dit en donner par l'action du feu. Ayant cassé
la cornue, j'en ai retiré un charbon volumi-
neux, difficile à incinérer, dont les cendres éga-
laient en poids le quinzième de celui de la moutarde.

Je n'ai pas fait une analyse rigoureuse de
ces cendres, car, comme l'observe fort bien
M. *Vauquelin*, les sels qu'on rencontre dans
celles des végétaux proviennent la plupart de la

décomposition de quelques autres sels par le calorique. Je me suis attaché à y découvrir quelques phosphates, mais infructueusement. Les sels dont l'existence m'y a été bien démontrée, sont le sous-carbonate, le nitrate, le sulfate et l'hydrochlorate de potasse, ainsi que le sulfate de chaux, l'hydrochlorate de magnésie et la silice.

Action de l'eau froide.

J'ai versé sur un kilogramme de moutarde pulvérisée huit parties d'eau distillée; après six heures d'infusion à froid, je décantai la liqueur, et je versai sur le marc six autres parties d'eau; quatre heures après je les soutirai et j'en ajoutai une semblable quantité; après dix heures de séjour je filtrai la liqueur, et je délayai le résidu dans trois kilogrammes d'eau; cette nouvelle liqueur ne paraissant chargée d'aucun principe, je les réunis toutes, et je les partageai en deux portions.

Cette infusion à froid était de couleur jaune doré, d'une saveur âcre et piquante et d'une odeur très-pénétrante; elle était un peu louche, d'un aspect glaireux, et moussant par l'agitation comme le savon; la soude caustique la rendait plus claire.

Effet des réactifs.

Le calorique y a formé un coagulum abondant, insoluble dans l'eau et dans l'alcool.

L'argent y a acquis une couleur noire par un séjour de quelques heures

Le lait, mêlé avec cette infusion et soumis à l'action du calorique, s'est coagulé de suite.

L'infusion de tournesol
— de raves } rougit légèrement.

Le sirop de violettes . . . . . : verdit.

La décoction de bois de campêche. jaunit.

L'alcool . . . . précipité blanc floconneux.

L'infusion de noix de galle . . . précipité floconneux, blanchâtre, très-abondant.

Par l'acide sulfurique . . .
— nitrique . . . .
— hydrochlorique. } précipité blanc que la potasse, la soude et l'ammoniaque redissolvent en saturant l'acide.

— oxalique . . . . blanchit fortement, et précipité blanc.

Deutoxide de potasse
— de soude } se trouble légèrement.

Ammoniaque . . . . . . léger précipité.

Eau de chaux . . . . . . *id.*

Sous-acétate de plomb . . . précipité blanc.

Hydrochlorate et nitrate de barite . . . . . . *id.*

Nitrate d'argent . . . .
— de mercure . . . . } *id.*

Sulfate de fer desséché . . . *id.*

Hydrocyanate de potasse et de fer. aucun indice de ce métal.

D'après l'effet de ces réactifs, l'infusion de moutarde contient :

1º Un acide libre, comme la teinture de tournesol, de raves, de campêche, l'eau de chaux et le calorique le démontrent ;

2, De l'albumine dont la présence est démontrée par le calorique, l'alcool, l'infusion de noix de galle, et les acides hydrochlorique, nitrique et sulfurique ;

3° Le premier et le dernier de ces trois acides, comme l'indiquent le nitrate et l'hydrochlorate de barite, et les nitrates de mercure et d'argent ;

4° La chaux y est rendue sensible par l'acide oxalique ;

5° La magnésie, par l'ammoniaque ;

6° Le soufre, par l'argent ;

7° Aucun réactif n'y a démontré le fer ni le tannin.

Voulant déterminer la quantité d'albumine que contient l'infusion de moutarde à froid, j'ai soumis à l'action du calorique la moitié des quatre infusions réunies. A la première impression, la liqueur s'est troublée, et bientôt il s'est formé une grande quantité de flocons qui se sont accrus par l'ébullition. J'ai filtré la liqueur, et recueilli ce coagulum, que j'ai lavé dans une grande quantité d'eau distillée, légèrement acidulée par l'acide hydrochlorique, afin de dissoudre les sels calcaires qu'il pouvait avoir entraînés, ou qui pouvaient s'être précipités par l'ébullition. Je l'ai lavé de nouveau, et lorsqu'il a été bien sec, il a pesé 26 grammes 15 cent.

L'albumine ainsi obtenue est insoluble dans l'eau et dans l'alcool ; elle est inodore et ne fait éprouver aucun changement aux infusions du tournesol ni des violettes. Par l'action du calorique, elle se décompose, et donne beaucoup de sous-carbonate d'ammoniaque, et la plupart des produits des substances animales.

Le deutoxide de potasse et de soude jouissent de la propriété d'empêcher la coagulation de l'albumine par le calorique. D'après cette propriété, j'ai traité l'infusion à froid de la moutarde par ces deux oxides alcalins, dans les proportions de 8 grammes sur demi-kilogramme d'infusion; j'ai porté ce liquide à l'ébullition sans qu'il ait donné le moindre indice d'albumine.

L'infusion de sénevé, d'où l'on a séparé l'albumine par l'ébullition, loin de rougir la teinture de tournesol, la verdit, ainsi que le sirop de violettes; effet qui est dû à la couleur jaune de l'infusion de la moutarde.

D'après ces nouvelles expériences, l'existence de l'albumine dans l'infusion de moutarde est démontrée.

Action de l'eau bouillante.

J'ai mis dans un alambic un kilogramme de moutarde en poudre et dix kilogrammes d'eau. J'ai bien luté l'appareil, auquel j'avais adapté un large ballon. Dès que le calorique a commencé d'agir, il s'est dégagé un gaz d'une odeur extrêmement vive, et aussi pénétrante que celle de l'ammoniaque. Les premières portions d'eau charriaient une huile citrine qui allait au fond du vase. J'ai mis à part le premier litre de cette eau, et j'ai continué la distillation pour en obtenir trois autres litres. Cette dernière était un peu trouble, et tenait en suspension quelques gouttelettes de cette huile. Son odeur était vive et pénétrante, mais beaucoup moins que la première. Celle-ci était trouble, et laissait entrevoir plusieurs petites gouttes de cette même huile qui y étaient disséminées. Le fond du flacon était tapissé d'une infinité d'autres gouttes d'huile plus grosses que les précédentes, et ne se réunissant que difficilement. Après l'avoir laissée déposer pendant vingt-quatre heures, je suis parvenu à recueillir onze grammes d'une huile volatile dont je vais décrire quelques propriétés.

Cette huile volatile ainsi obtenue est d'une couleur citrine, d'une odeur aussi vive et aussi pénétrante que celle de l'ammoniaque. Une seule goutte appliquée sur la langue, y produit le sentiment d'une brûlure, et d'une irritation si forte qu'elle se propage et s'étend dans la gorge, l'œsophage, l'estomac, le nez et les yeux, par une impression de chaleur et d'âcreté insupportables. Appliquée sur la peau, elle y occasione une douleur très-forte, et finit par produire l'effet d'un caustique.

Cette huile est beaucoup plus pesante que l'eau ; sa pesanteur spécifique est à celle de ce liquide : : 10387 : 10000. Je ne connais aucune autre huile volatile extraite d'une plante indigène, qui soit douée d'une telle pesanteur. Au 50ᵉ degré du thermomètre centigrade, elle se volatilise ; pétrie avec l'alumine et distillée à

la cornue, elle donne un peu d'eau, d'huile brunâtre, du gaz acide carbonique et du gaz hydrogène carboné, sans aucune trace d'ammoniaque.
Elle se dissout facilement dans l'eau et dans
l'alcool, en leur communiquant son goût et sa
causticité. Il faut un kilogramme d'eau pour
dissoudre deux grammes de cette huile. Elle est
très-combustible, et brûle en répandant beaucoup de flamme ; elle dissout le soufre et le
phosphore ; enfin les acides et les alcalis agissent
sur elle comme sur les autres. L'on voit, d'après
cet exposé, que les caractères de l'huile volatile
de moutarde sont assez tranchans pour ne plus
être confondus avec aucune autre de son espèce.

L'eau saturée de cette huile est fort âcre et
très-caustique. J'appliquai sur la jambe une
bande de toile que je venais d'y tremper ; dans
une minute, j'éprouvai sur cette partie une douleur très-vive ; au bout de cinq minutes je la
trempai de nouveau dans cette eau, et je la
réappliquai sur la même partie ; une chaleur
très-vive se fit sentir, et la douleur devint presque insupportable ; au bout de cinq minutes je
l'enlevai, et je m'aperçus qu'elle avait produit le
même effet que celui d'un puissant synapisme.

Ayant répété cette expérience avec la décoction de moutarde, je n'en ai éprouvé aucune
douleur, quoique l'application ait été prolon-
gée pendant trois heures. Voilà donc un puissant rubéfiant dont la matière médicale va s'en-
richir.

Pour connaître d'une manière plus exacte

l'action de l'eau bouillante sur la moutarde, j'en ai fait bouillir pendant demi-heure un kilogramme dans six d'eau distillée. La liqueur filtrée était de couleur ambrée, d'une saveur alliacée un peu amère, et ayant perdu son odeur vive et pénétrante.

Par le calorique. . . . . aucun changement.
L'argent. . . . . . . ne noircissait pas, quoiqu'il y eût séjourné pendant 48 heures.

L'alcool. . . . . ⎫
L'eau de chaux. . . . ⎪
L'acide sulfurique. . ⎪
   — nitrique. . . . ⎬ rien.
   — hydrochlorique. ⎪
L'hydrocyanate de po- ⎪
  tasse et de fer. . . . ⎭
L'acide oxalique. . . . . louchit.
Le nitrate de mercure. . . ⎫ id.
   — d'argent. . . . ⎭
Le nitrate et l'hydrochlorate
  de barite. . . . . . . précipité blanc.
Le sous-acétate de plomb. . id.
Le lait. . . . . n'est point coagulé.

Cette nouvelle expérience confirme l'existence de l'albumine dans l'infusion de moutarde. L'acide oxalique a démontré la présence de la chaux, due sans doute à une petite portion de sulfate calcaire que la liqueur avait retenue. Enfin, les nitrates d'argent, de mercure et de barite, ainsi que l'hydrochlorate de ce dernier métal, ont indiqué les acides sulfurique et hydrochlorique.

Par l'évaporation, j'ai obtenu 192 grammes d'un extrait jouissant des propriétés suivantes.

Extrait de moutarde.

Cet extrait est de couleur brune et n'a qu'une faible saveur amère, légèrement acide; la dissolution dans l'eau rougit l'infusion de tournesol, l'ammoniaque y forme un précipité noirâtre composé de chaux et de substance extractive. Le chlore en précipite l'extractif sous forme de flocons jaunâtres; dans cet état, il a subi une altération qui le rend insoluble dans l'eau, mais soluble dans l'alcool bouillant. L'acide sulfurique concentré et l'acide hydrochlorique y produisent le même effet.

L'acide sulfurique étendu d'eau et distillé avec cet extrait en dégage de l'acide acétique; le résidu de cette distillation, traité par l'alcool, a laissé une masse qui a donné des sulfates de potasse et de chaux, du nitrate et d'hydrochlorate de potasse et un peu d'hydrochlorate de magnésie.

La chaux triturée avec cet extrait en a dégagé une faible odeur ammoniacale. Traité par l'alcool, outre l'extractif, ce menstrue s'est emparé d'une substance résineuse qui fait la quarantième partie de l'extrait. Je ne pousserai pas plus loin cet examen, qui ne pourrait nous donner d'ailleurs que des résultats peu exacts. Pour en avoir l'entière conviction il suffira de citer le passage suivant de M. le comte

Berthollet (1). « Les substances que l'on confond
» sous le nom d'extraits, éprouvent des chan-
» gemens rapides par l'action de l'air, par celle
» de l'eau et de l'alcool, par la chaleur que l'on
» fait subir à leur dissolution, comme on le voit
» dans l'excellente analyse du quinquina, que
» l'on doit à M. Fourcroy. Les différens moyens
» produisent facilement des séparations et de
» nouvelles combinaisons qui n'existaient pas ;
» en sorte que ce n'est qu'avec beaucoup de
» circonspection que l'on peut conclure des
» produits que l'on obtient par ce moyen, quel
» était l'état naturel de la substance qu'on exa-
» mine. »

D'après ces diverses expériences je crois pouvoir conclure que les semences de moutarde
donnent à l'analyse chimique :

1° *Une huile volatile,* contenue dans l'enveloppe séminale, qui est d'une saveur très-âcre,
d'une odeur aussi vive que celle de l'ammoniaque, d'une grande causticité, et d'une pesanteur plus grande que celle de l'eau. Ce caractère essentiel la distingue de toutes les huiles
volatiles indigènes. Elle fait les 0,016 du poids
de la moutarde, en évaluant par approxima-
tion celle qui est tenue en dissolution dans
l'eau provenant de la distillation précitée. C'est
à cette huile qu'est due la vertu vésicante. L'alcool la dissout, et prend en même temps une
saveur très-âcre;

(1) *Statistique chimique,* tom. II, pag. 508.

2° *Une huile douce*, contenue dans la substance amilacée, et faisant les 0,19 du sénevé.
Cette huile est un peu plus pesante que celle
d'olive et se fige difficilement ;

3° De *l'azote*, dont la présence a été reconnue
par le dégagement d'ammoniaque qui s'est
opéré en triturant le produit de la distillation
avec la potasse caustique, et les traces de carbonate d'ammoniaque obtenues ;

4° *L'albumine*. Les expériences nombreuses
que j'ai citées m'ont convaincu de l'existence
de l'albumine dans l'infusion de la moutarde.
Schéèle fut le premier qui annonça, en 1780,
qu'un grand nombre de plantes contenaient une
substance semblable au coagulum du lait (1).
En 1790, *Fourcroy* reconnut l'existence de l'albumine dans plusieurs végétaux (2). *Proust* ne
partageait pas cette opinion (3), lorsque *Vauquelin* la découvrit dans le suc du papayer,
carrica papaya. *Cadet* confirma cette découverte. Le docteur *Clarke* l'a trouvée dans le
suc du fruit de *l'hibiscus esculentus*, et *Tromm-
dorff*, pharmacien et professeur de chimie à
Erfurth, dans *l'agaric poivré* (4). Malgré toutes
ces recherches, je ne connais aucun végétal indigène d'où on l'ait extraite en aussi grande
quantité, ni démontrée d'une manière plus évi-

(1) *Schéèle*, tom. II.
(2) *Annales de Chimie*, tom. III.
(3) *Journal de Physique*, tom. LVI.
(1) *Journal des Pharmaciens de Paris.*

dente que dans la moutarde. J'ai essayé plus de cent infusions végétales, et je ne l'ai trouvée dans aucune dans des proportions aussi fortes que dans celle de la réglisse. Je l'ai retirée aussi de quelques sucs végétaux, en assez grande quantité pour prouver combien est vicieuse la méthode de clarifier les sucs d'herbes par le calorique ;

5° Le *soufre*. Il se trouve dans ce liquide comme partie constituante de l'albumine et en dissolution dans l'huile volatile. La manière différente dont agissent l'infusion et la décoction de la moutarde sur l'argent, en est une preuve évidente. MM. Henry fils et Garot assurent que le soufre est dans la moutarde à l'état d'acide qu'ils nomment sulfo-synapique. C'est à cet acide qu'ils attribuent l'acidité de la moutarde, que j'avais déjà annoncée et attribuée à la présence de l'acide carbonique. De nouvelles expériences, que je n'ai pas encore terminées, m'ont fait connaître la co-existence de l'acide sulfo-synapique de MM. Henry et Garot, avec celle de l'acide carbonique que j'avais reconnue ;

6° L'extractif que j'en ai séparé par les moyens indiqués ;

7° Une résine que l'alcool en a extraite, et qui a une consistance un peu plus forte que celle de la térébenthine ;

8° Le principe amer qui s'y trouve en petite quantité. Je n'ai pu en recueillir que 2 gr. 5.

9° Les *sels*. Je ne parlerai pas de ceux qui

sont supposés être le produit de la combustion, parce qu'ils ne peuvent donner que des notions vagues, mais de ceux qui existent dans l'infusion, et qui, d'après leur dose respective, doivent être rangés dans l'ordre suivant :

> Nitrate de potasse,
> Carbonate de *id.*
> Acétate de *id.*
> Sulfate de chaux,
> Muriate de potasse,
> — de magnésie ;

10° La *silice*, obtenue par la combustion.

J'avais oublié de faire observer que l'infusion de moutarde, tout comme l'eau distillée chargée d'huile volatile de cette plante, déposent un peu de poudre blanchâtre, dont la quantité est d'autant plus forte que ce liquide est plus chargé d'huile. Cette poudre, ainsi que l'ont très-bien observé MM. *Thieberge* et *Robiquet* (1), est un composé de soufre et d'huile volatile. Il suffit, pour y reconnaître la présence du soufre, d'y plonger une pièce d'argent ; dans peu de temps elle acquiert une couleur noire très-prononcée. Nous allons maintenant examiner l'action de quelques menstrues sur la moutarde.

Infusion dans le vin.

J'ai pris deux bouteilles numérotées, conte-

---

(1) Examens chimiques de la graine de moutarde noire, *Journal de Pharmacie et des Sciences accessoires*, tom. V.

nant chacune un litre de vin rouge de Narbonne,
j'ai introduit dans n° 1,100 grammes de semences de moutarde en poudre, et dans n° 2
la même quantité, mais entières. 36 heures
après, j'ai filtré les deux infusions : le vin n° 1
avait perdu une partie de sa couleur et avait
contracté une odeur et une saveur très-fortes
d'huile volatile de moutarde ; n° 2 n'avait rien
perdu de sa partie colorante, quoiqu'il eût
acquis les mêmes propriétés de n° 1, à la vérité dans un degré plus faible. J'ai répété cette
expérience avec plus de vingt-cinq qualités différentes de vins rouges et blancs, et j'ai con-
s'amment obtenu les mêmes résultats. En lisant
attentivement le travail intéressant de M. *Thieberge*, j'ai vu avec surprise que ce chimiste
annonçait qu'en laissant infuser des semences
entières de moutarde dans du vin blanc pendant quinze jours, sa saveur était à peine changée. Je ne puis expliquer cette différence d'action, à moins que de supposer que le *synapis
nigra* contient moins de principes volatils que
l'*alba*, ou que nos vins du Midi agissent d'une
manière différente de ceux du nord de la France. D'après mes expériences, je suis bien loin
de conseiller la suppression de la moutarde
dans la préparation du vin antiscorbutique ; je
me bornerai à recommander de la mettre en
poudre, afin de rendre ce médicament plus
énergique.

Infusion dans le vinaigre.

La même quantité de moutarde, infusée dans une pareille dose de bon vinaigre rouge, affaiblit sa couleur et lui donne une odeur et une saveur vives et piquantes.

Action de l'alcool.

J'ai introduit dans 4 parties d'alcool une de moutarde en poudre. Dans quelques heures, ce menstrue a pris une couleur ambrée, sans cependant acquérir aucune odeur ni aucune saveur étrangères. L'eau la louchit; l'ammoniaque en précipite une huile un peu brune qui se dépose au fond de la liqueur; si l'on en décante les trois quarts et qu'on expose l'autre à l'air libre, l'odeur ammoniacale et alcoolique se dissipent en grande partie, et cette huile vient nager à la surface du liquide: ce qui prouve que l'alcool dissout une partie de l'huile douce de ces semences, et de matière colorante.

Action de l'éther.

La même expérience a été faite avec l'éther; l'infusion a pris une teinte verdâtre. L'eau n'y opérait aucun changement. L'ammoniaque s'est unie avec une grande partie de l'éther; mais, au bout de quelques heures, il s'est formé à la surface de la liqueur une couche d'une huile verdâtre, qui n'était autre chose que l'huile douce unie au principe colorant, que l'éther avait également dissous.

Nous ne pousserons pas plus loin cet examen; il suffira pour faire connaître que c'est dans l'huile volatile de moutarde que résident ses propriétés. Nous allons passer maintenant à sa préparation.

Préparation de la moutarde.

Nous avons déjà dit que la moutarde est une véritable sauce épaisse, d'un goût très-piquant et d'une odeur très-forte. Son mode de préparation, tel que l'a décrit M. Demachy, est des plus simples. Le voici : dans une espèce de caisse, assujétie solidement contre une muraille, sont placées deux meules de pierre dure, de six pouces d'épaisseur et de deux pieds de diamètre. La meule inférieure est fixée dans la caisse; celle qui la surmonte est mobile. Sur le devant de cette caisse, et au niveau de la meule inférieure, est une gouttière destinée à donner issue à la moutarde broyée. Un couvercle en bois recouvre la meule mobile, dans laquelle se trouve pratiqué, au centre et dans toute son épaisseur, un trou d'un pouce de diamètre, auquel est adapté un godet de faïence, en forme d'entonnoir sans fond. Le couvercle de bois est percé, à un pouce au plus, tout près du bord, d'un trou profond de trois pouces et assez large pour recevoir l'extrémité d'un bâton, dont l'autre bout est reçu dans le

7

plancher du laboratoire, par une ouverture très-large qui correspond au-dessus du centre de la meule.

Lorsqu'on veut réduire la moutarde en poudre, on remplit le godet de faïence de cette sémence, qu'on a fait gonfler légèrement en l'humectant avec de l'eau (1); on prend ensuite, avec les deux mains, le bâton qui est fixé dans le couvercle, et, en le promenant circulairement, on fait agir dans le même sens la meule supérieure ; dès lors, la moutarde, qui est tombée du godet, se trouvant entre les deux meules, est écrasée et sort par la gouttière. Pour l'obtenir beaucoup plus fine, on la repasse une ou deux fois de plus à cette espèce de moulin.

De nos jours, on a construit des moulins bien plus commodes et bien plus expéditifs pour ce broiement. On peut aussi obtenir la moutarde en poudre très-fine, en la pilant dans un mortier de marbre ou de bronze très-propres, et passant la poudre à un tamis fin.

Dès que l'on a obtenu la moutarde en poudre très-fine, on prend parties égales d'eau bouillante, tenant en dissolution un peu de sel marin, de vinaigre très-chaud et du moût,

(1) Quelques fabricans emploient le vinaigre pour humecter ces graines. Cette méthode est vicieuse, attendu que l'acide acétique attaque les parties calcaires que peut contenir la pierre des meules. Dès le principe, on employait le moût, et postérieurement, le vin cuit ou le moût concentré.

ou à défaut, demi-partie de sirop, et l'on y incorpore aussitôt de la moutarde en poudre, en agitant constamment pour ne pas former des grumeaux, jusqu'à ce qu'on ait formé une pâte claire; l'on ferme alors soigneusement le vase dans lequel on a pratiqué cette opération. Au bout de quelques jours, on le débouche, et si cette pâte est un peu trop épaisse, on y ajoute un peu de vinaigre et d'infusion de moutarde.

On peut obtenir une moutarde encore plus forte en employant, au lieu d'eau bouillante et de vinaigre ordinaire, une infusion de moutarde portée à 60 degrés et du vinaigre à la moutarde.

Les fabricans de moutarde en varient le goût, suivant les ingrédiens qu'ils y ajoutent: les principaux sont l'estragon, l'ail, les anchois, le piment, etc. Ces additions n'offrent rien d'important; elles ne sont qu'un accessoire de la préparation de la moutarde. Les uns, comme l'estragon et l'ail, doivent être bien écrasés et mis en infusion dans le vinaigre; le piment doit être mis en poudre et incorporé ainsi à la moutarde; il en est de même de toutes les substances susceptibles d'être réduites en poudre.

La moutarde doit son odeur et son goût à son huile volatile; si la préparation qui porte ce nom est faible, ou qu'elle contienne peu de cette huile, ou bien qu'elle l'ait perdue par le temps, ou son contact avec l'air, on peut la rétablir aussitôt, en y en ajoutant quelques gouttes, ou mieux par l'addition de l'eau distillée de moutarde, qui en est très-chargée. Nous conseillons, en conséquence, aux fabricans de distiller de l'eau avec de la moutarde, afin d'en obtenir l'huile volatile, et de mettre à côté les premières pintes de cette eau, qui en sont très-chargées, pour donner à leurs moutardes faibles le degré de force nécessaire. Pour la même raison, ils pourraient préparer aussi du vinaigre à la moutarde, qu'ils vendraient d'ailleurs, en cet état, pour la table.

Nous avons déjà dit que plusieurs villes faisaient un commerce spécial de la préparation de la moutarde. Celle de Paris était moins estimée que celles de Dijon, Noyon, Soissons, etc., parce qu'on croit qu'on employait en partie de la moutarde blanche, au lieu de la noire, *synapis nigra*, qui est regardée comme la plus chargée d'huile volatile. La moutarde de l'Alsace est aussi très-estimée, moins cependant que celle d'Angleterre, qui tient le premier rang parmi ces préparations. Loin d'attribuer cette supériorité à sa culture, nous croyons pouvoir assurer qu'elle est due à ce que les fabricans anglais en extraient l'huile douce par la pression. Or, comme cette huile fait jusqu'à vingt pour cent du poids total de la moutarde, il est évident que cette semence ainsi traitée doit être bien plus forte. J'ai fait le premier cette même application, à la médecine, du résidu de la moutarde, d'où l'on a extrait l'huile douce, laquelle est alors beaucoup plus irritante. L'on peut consulter l'opinion que j'ai émise à ce sujet dans le Journal de Chimie médicale en 1825, et que M. Robinet a renouvelée en 1826 dans le même recueil.

Au reste, d'après ce que nous venons d'exposer sur les propriétés de l'huile volatile de moutarde et sur l'eau distillée de cette semence, il est bien évident qu'avec ces deux moyens les fabricans de moutarde pourront, à Paris comme partout ailleurs, les préparer aussi bien qu'en Angleterre, et les rendre même beaucoup plus énergiques. Nous ne conseillons pas l'extraction de l'huile douce, parce que nous nous sommes convaincus qu'elle donnait plus de corps et de moelleux à la moutarde.

PROPRIÉTÉS DE LA MOUTARDE, TANT COMME ALIMENT QUE COMME MÉDICAMENT.

Les semences de sénevé sont employées en médecine de temps immémorial. Les plus anciens auteurs leur attribuent une foule de vertus, tant internes qu'externes. Quoiqu'ils aient beaucoup exagéré, il n'en est pas moins vrai qu'elles en possèdent que l'expérience de plusieurs siècles a confirmées. En effet, nous savons qu'unies au vinaigre et au levain, elles forment un épipastique connu dès les premiers âges de la médecine sous le nom de synapisme, qui est regardé comme un excellent révulsif pour attirer les humeurs sur les parties où on l'applique. L'eau de moutarde, telle que je l'ai préparée, remplirait bien mieux cette indication par la promptitude avec laquelle elle agit, et surtout dans les cas d'apoplexie, d'asphyxie, pour les pédiluves anti-goutteux, etc. MM. les docteurs *Barthez, Sernin, Pech, Maury,* etc., auxquels j'avais fait connaître ses effets vésicans, l'ont employée avec succès; le premier, surtout, dans un cas de paralysie de la vessie. Ce synapisme n'a besoin d'autre préparation que de tremper une compresse de toile dans l'eau de moutarde, et de l'appliquer sur la partie. Au bout de deux minutes, on éprouve une douleur et une chaleur très-fortes; on trempe de nouveau la compresse dans cette eau, on la place sur le même endroit; alors la douleur devient insupportable. Si l'on répète cette opération une troisième fois, au bout d'un moment on est obligé d'enlever la compresse, et l'épiderme se trouve rougie comme si un synapisme ordinaire y avait séjourné deux heures. J'eus occasion de me trouver auprès d'une jeune demoiselle qui avait une forte attaque d'*éclampsie;* tous les stimulans étant sans effet, et la malade se trouvant dans un état désespéré, MM. *Sernin, Pech* et *Barthez* ordonnèrent l'application de l'eau de moutarde aux jambes; j'en étais dépourvu, mais il me restait un petit flacon d'huile volatile de ces semences; j'en fis dissoudre quatre grammes dans demi-litre d'eau, et j'en mis une compresse sur chaque jambe. Au bout de deux minutes, j'en réappliquai une autre; aussitôt la malade, qui avait été insensible à tous les moyens qu'on avait mis en usage, porta sa main aux jambes, et témoigna la douleur qu'elle y éprouvait (1).

Dans les affections soporeuses, Arétée et Dioscoride, après avoir fait raser la tête du malade, l'enduisaient de moutarde. Ce dernier auteur assure que, délayée dans le vinaigre, elle guérit fort bien les impétiges, la gratelle et les gales invétérées. J'ai eu occasion de m'assurer de ce fait. J'ai vu plus de cinquante personnes atteintes de la gale qui s'en sont délivrées complètement en se frictionnant le corps, les bras et les jambes avec une pommade faite avec

Moutarde en poudre.	32 grammes	ou 1 once.
Gingembre en poudre.	16 gr.	ou ½ once.
Civadille. . . id.	16 gr.	ou ½ once.
Huile d'olive. . .	suffisante quantité.	

(1) Ces observations se trouvent confirmées par celles que M. Thieberge a insérées dans son excellent Mémoire. L'essai en fut fait par M. le docteur Galès, sur un malade de son établissement des bains de Gracimont. Une goutte de cette huile fut appliquée sur le bras du malade, qui éprouva aussitôt une douleur des plus vives, qui se prolongea pendant environ une heure. Une seconde goutte posée à peu de distance de la première, pour être abandonnée vingt-quatre heures, à l'instar des vésicatoires, produisit une vésicule d'un pouce de diamètre pleine de sérosité. Cette expérience, dit-il, a été constatée par MM. *Galès, Bouillon-Lagrange, de Larroque, Bourgeoise, Pilien,* docteurs en médecine, et par M. *Robiquet,* professeur à l'École de Pharmacie.

Je dois faire observer que ce traitement était combiné avec le traitement interne approprié à cet état. Les habitans de Bages, village maritime situé à une lieue de Narbonne, emploient empyriquement ce moyen. Dans deux cas de gale invétérée, j'ai obtenu de très-bons effets de l'eau de moutarde en frictions, coupée avec parties égales d'eau pure. *Perilhe* conseille cette graine pour le traitement de la teigne, de l'hydropisie, etc.

L'administration interne de la moutarde offre aussi d'heureux résultats. Elle augmente l'énergie vitale, stimule les différens systèmes, active la plupart des fonctions, accélère le poulx; la sécrétion des urines et la transpiration devenue plus considérable sont quelquefois les effets secondaires de cette excitation (1); l'irritation qu'elle produit sur les muscles fait naître le besoin de marcher (2). On en prépare une foule d'assaisonnemens qui sont actifs, échauffans, et de très-bons digestifs pour les tempéramens froids, faibles et humides; tandis qu'ils sont nuisibles à ceux qui digèrent très-vite, et qui ont le tempérament chaud. Suivant *Wedel*, la préparation qu'on faisait avec le *sénevé* et le *moût du raisin*, était connue des anciens sous le nom de *fecula coa*, et des médecins du moyen âge sous celui de *mustûm-ardens*, d'où, comme

(1) *Vid.* Loiseleur de Longchamps et Marquis, *Dict. des Sciences médicales.*
(2) Barbier, *Mat. méd.*, tom. I.

je l'ai déjà dit, est venu le nom de moutarde, qui veut dire moût-ardent. *Haller* (1) pense que l'abus de ce condiment dispose aux maladies aiguës et putrides. Il paraît du moins, disent les auteurs du *Dictionnaire des Sciences médicales*, concourir avec d'autres causes à produire l'irritation des organes digestifs, qui accompagne ordinairement ces affections. Suivant *Mathiole*, ces semences pulvérisées, unies au vinaigre et prises intérieurement, neutralisent le venin des potirons et des champignons. Il ajoute qu'elles sont diurétiques, et qu'elles calment les maux de dents. Plusieurs auteurs les recommandent comme antiscorbutiques. M. *Duclos* a donné plusieurs observations sur cette propriété de la moutarde (2). *Ray* (3) raconte que, durant le siége de La Rochelle, ces semences, réduites en poudre et incorporées dans du vin blanc, sauvèrent la vie à une foule de personnes atteintes du scorbut. En Hollande ses vertus antiscorbutiques étaient si bien reconnues, que les réglemens prescrivaient à tous les vaisseaux de s'en approvisionner (4) : on les conseille aussi pour combattre la cachexie, la chlorose, les affections pituiteuses, et comme un puissant masticatoire pour les personnes menacées d'apoplexie et de paralysie.

(1) *Hist. Stirp. Helv.*, no 465.
(2) *Mém. de l'Acad. royale des Sciences.*
(3) *Historia plantarum.*
(4) *Vid.* Loiseleur de Longchamps et Marquis, *Dict. des Sciences médicales.*

Boerhaave a vu une demoiselle d'Amsterdam
atteinte de convulsions universelles, contre lesquelles tous les médicamens avaient échoué,
qui fut guérie par la moutarde broyée avec le
vin, que lui conseilla le docteur *Ruysch*.

Dioscoride, *Fragée*, *Paul Egine* (1), Boerhaave (2) la regardent comme un bon fébrifuge.
Calissen, médecin danois, en a obtenu de très-
bons effets contre la fièvre adynamique. Le
docteur *Savy* l'a employée avec succès dans
une fièvre de nature catarrhale putride. Il la
prescrivait en tisane, à la dose de demi-once
en poudre, sur une pinte et demie d'eau. Il cite
quatre observations parmi les cures qu'il dit
avoir obtenues (3). *Bergius* guérissait les fièvres
tierces printanières en donnant de trois à cinq
cuillerées d'un à deux gros de graines de moutarde entières, divisées en cinq doses, à prendre
pendant l'apyrexie. Les malades ainsi traités
n'éprouvaient point de rechute (4). *Dioscoride*

(1) *Napy id est sinapi calefacit ac siccat in quarto
abscessu.*

PAUL ÉGINE, liv. VII.

(2) *Semen in febre quartana et aliquando quoti-
diana exhibetur.*

(Historia plantarum.)

(3) *Vid.* son Mémoire sur la maladie épidémique
qui a régné dans le canton de Lunas, *Annales cli-
niques de Montpellier*, tom. XL.

(4) L'abus de ce médicament peut produire des
effets funestes. Wan-Swietem rapporte qu'un homme
atteint d'une fièvre quarte, ayant avalé une grande
quantité de moutarde en poudre délayée dans l'es-

et *Bergius* observent de ne pas boire après les avoir avalées. Dans un pareil cas, si l'eau cause quelque danger, c'est sans doute en dissolvant l'huile volatile qui, comme je l'ai déjà prouvé, est très-âcre et très-caustique, et qui doit fortement irriter les fibres de l'estomac. Ne pourrait-on point attribuer ses vertus fébrifuges à son antisepticité ? Cela serait assez vraisemblable si, comme l'a avancé *Pringle*, le quinquina n'agit comme fébrifuge qu'en raison de ses propriétés antiseptiques (1).

Cullen et Macartan, à la dose d'une cuillerée en poudre, dans un verre d'eau, disent que le *sénevé* est un émétique prompt et efficace, et à celle de deux, qu'il est un assez bon purgatif. A *Edimbourg* on l'administre souvent comme émétique. Le docteur Tournon, professeur adjoint à l'école de médecine de Toulouse, m'a dit qu'il a connu une dame écossaise, veuve de l'amiral ***, qui en portait toujours de petits paquets pour cet usage. La moutarde a été conseillée en gargarisme dans l'angine tonsillaire. Si l'on peut en obtenir des bons effets, ce ne peut être que lorsque cette maladie est simplement catarrhale et non inflammatoire. Il est des auteurs qui ont tellement préconisé les ver-

prit de genièvre, il se déclara une fièvre ardente qui l'emporta dans trois jours. *Vid. Comment. in aphoris*, Boerh., tom. II.

(1) *Vid.* Mes *Recherches sur l'antisepticité*, in-8°, Montpellier, 1813.

tus de ce médicament, qu'ils n'ont pas craint de lui attribuer celle d'augmenter la mémoire. Murray assure avoir éprouvé, sur lui-même, qu'elle excite la gaîté, qu'elle aiguise l'esprit. C'est peut-être, disent les deux auteurs de l'article Moutarde, inséré dans le Dictionnaire des Sciences médicales, cette opinion, qui remonte jusqu'à Pythagore, qui a fait dire : *Plus fin que moutarde.*

L'huile douce de moutarde, qu'on extrait par l'expression, est connue depuis très-long-temps, quoiqu'elle ne figure pas dans la Matière médicale. L'évangéliste des médecins, Mesué, qui reçut, avec ce surnom pompeux, celui de divin, l'appliquait sur les tumeurs froides comme résolutive. *Boerhaave* l'ordonnait dans l'hôpital de Leyde, comme purgative, à la dose de deux onces. Je lui ai vu produire cet effet maintes fois, et j'ai eu occasion de me convaincre qu'elle était presque un aussi bon anthelmintique que l'huile de ricin. Le docteur *Tournon*, dans les démonstrations botaniques qu'il faisait à Bordeaux, en conseillait l'usage. Cette huile, par la difficulté qu'elle éprouve à se figer et à se rancir, peut devenir précieuse pour l'horlogerie. Mon ami le docteur Roquès d'Orbcastel, médecin distingué de Toulouse, à qui j'avais fait connaître cette propriété, la conseilla à des horlogers de cette ville qui ont été convaincus de sa bonté. Les Japonnais, suivant *Thunberg*, s'en servent pour l'éclairage.

L'huile volatile a été employée en friction

pour ranimer les membres paralysés, quelquefois même pour combattre l'*anaphrodisie*. A
l'intérieur, elle a été donnée par gouttes. Dis-
soute dans l'eau, elle agit comme un bon et
prompt rubéfiant.

Je terminerai l'examen des propriétés de la
moutarde en disant que, pilée avec une petite
quantité d'eau, elle donne un lut propre à la
plupart des opérations chimiques.

RECHERCHES

SUR LA

FERMENTATION VINEUSE,

LUES A L'ACADÉMIE ROYALE DES SCIENCES,

PAR M. JULIA FONTENELLE,

PROFESSEUR DE CHIMIE, ETC.

RECHERCHES

SUR LA

FERMENTATION VINEUSE.

~~~~~~

La fermentation vineuse a été de temps im-mémorial livrée à des mains inexpérimentées, qui, guidées par une aveugle routine, loin de chercher à améliorer les produits qu'elle donne, semblaient travailler à les détériorer (1). En vain quelques bons agronomes avaient tenté de soumettre l'art de faire le vin à des principes dictés par les sciences physiques; la routine l'emporta, et le conseil des *Porta*, des *La Piom-barie*, des *Rozier*, et d'une foule d'autres œno-logistes, ne furent point entendus. Lorsque, vers la fin du dix-huitième siècle, la chimie, se débarrassant des entraves pharmaceutiques, devint une science qui embrassait presque tous les arts, plusieurs savans voulurent la faire

(1) En expliquant la théorie des fermentations vi-neuse et acétique, j'ai eu occasion de citer des Re-cherches sur la fermentation vineuse que j'ai présen-tées à l'Institut, et desquelles M. le comte Chaptal a rendu un compte avantageux à cette illustre compa-gnie; pour rendre cet ouvrage plus complet, j'ai cru devoir les consigner ici.

servir à reculer les bornes de l'œnologie. En Italie, la première impulsion fut donnée par *Fabroni*, comme elle l'avait été jadis à Naples par *Porta*. En France, la Société royale des Sciences de Montpellier, de concert avec les états généraux de Languedoc, y contribua puissamment par le prix qu'elle proposa sur ce sujet en 1788. C'est à ce concours que nous devons le mémoire couronné de *Berthollon*, et celui, plus digne de l'être, de *Le Gentil*. Depuis ce temps, MM. *Mourgues*, *Chaptal*, *Dandolo*, *Parmentier*, Mlle *Gervais*, *Astier*, etc., se sont occupés du même objet avec plus ou moins de succès. Cependant, malgré leurs nombreuses recherches, il s'en faut beaucoup que l'histoire de la fermentation vineuse soit complète ; un grand nombre d'expériences m'ont démontré qu'il restait encore de grandes lacunes à remplir.

Aucun auteur n'ayant encore examiné le degré de spirituosité de vins obtenus dans un même terroir de divers plants de vigne ayant le même âge, j'ai cru devoir porter mon attention sur cet objet intéressant, afin de déterminer quelles sont les espèces dont la culture est la plus avantageuse, tant par l'abondance des fruits que par la fabrication des vins de table et de ceux qui sont destinés à la fabrication de l'alcool. Voici la marche que j'ai suivie :

1° J'ai pris le poids spécifique de plus de 300 moûts ; j'ai noté, autant que je l'ai pu, l'âge des vignes et le quartier, quoique dans le même terroir.

2°. J'ai pris également le poids spécifique du moût de chaque espèce de raisin, c'est-à-dire de celles qui sont le plus généralement culti-vées.

3° J'ai distillé les vins provenant de tous les moûts.

4° J'ai recueilli l'acide carbonique qui s'est dégagé pendant la fermentation.

5° J'ai soumis le moût à plusieurs expériences pour étudier la théorie du mutisme.

6° Enfin, j'en ai tenté quelques-unes pour m'assurer si la présence de l'air était indispensable pour que la fermentation vineuse eût lieu.

§ Ier.

Poids spécifique des moûts.

Les expériences que je vais citer ont été faites en 1822, dans le canton de Narbonne, département de l'Aude, dont les vins rivalisent quelquefois avec ceux du Roussillon, pour le degré de supériorité, et leur sont supérieurs comme vins de table, excepté lorsque les premiers ont vieilli. Dans ce cas, ils l'emportent sur tous ceux du Midi, et même sur ceux qu'on récolte sur la partie des Pyrénées espagnoles, ainsi que je m'en suis convaincu en 1821 à Barcelonne, par l'examen comparatif des vins récoltés en divers lieux.

L'année 1822 fut très-sèche, et malgré cela les vins ne furent pas plus spiritueux ; je dirai

même qu'ils furent moins bons que les autres
années. Je commençai mon travail le 13 septembre, et, tant qu'il dura, la température fut
de 16 à 18 degrés de Réaumur. J'opérai sur
300 espèces de moût. Je me bornerai à en citer
20, prises dans les différens quartiers, et ayant
un poids spécifique égal à l'ensemble de ceux
qui ont été pris dans leurs quartiers respectifs.
J'en ai cité quelquefois deux exemples; c'est
lorsque j'ai reconnu quelque différence notoire.
Tous ces moûts avaient été auparavant filtrés.

TABLEAU

du poids spécifique de quelques moûts, et de la quantité d'alcool qu'ils produisent.

Moûts de MM.	Quartiers.	Poids spécifique.	Alcool obtenu par la distillation des vins, le 15 décembre.	Observations.
			25	
Autier.	Entre Lunes et Boutes.	13, 5	100 à 19, 5	
Baisse.	De Larpet.	14, »	20, »	
Delhort-Mialhes.	De Cité.	14, »	20, »	
Julia-oncle.	De Cité, vigne de 50 ans.	14, 5	20, 5	
Mouly.	Du Grand-Quatourzé.	14, »	20, »	
Joseph Avrial.	De Saint-Salvaire, jeune vigne.	14, »	20, »	
Mauri.	Idem, vigne de 80 ans.	16, »	21, 5	
Martin.	De Montredon.	14, 5	20, 5	
Martin Faure.	De Pont-des-Charrettes.	14, 6	20, 5	
Idem.	Idem.	15, »	21, »	
Vieules.	Etang de Bages.	14, 5	20, 6	
Tapie Mengau.	De Catepla.	14, 5	20, 8	
Paillioz.	De Montplaisir.	14, 5	20, 5	
Py.	Du Pech-de-l'Agnèle.	14, 5	20, 3	
Enjalric.	De la Tuilerie.	16, »	21, 8	
Idem.	Du Quatourzé.	15, »	21, »	
Mauri.	De Crabit.	15, »	21, 3	
Julia oncle.	De Langel.	16, »	21, »	Ce moût avait déjà subi un commencement de fermentation.
Dory.	De Moutplaisir.	16, »	32, »	
Rieules.	Des Amarats, vig. d'env. 30 ans.	16, 5	22, 5	

On voit, par ce tableau, que le poids spécifique moyen des plus faibles moûts du canton de
Narbonne est 13, 5, et celui des plus forts 15, 5 ;
de sorte que le terme moyen pour 1822 a été
14, 85. Je doute que dans aucun autre département de la France, à l'exception de celui
des Pyrénées-Orientales, les moûts soient aussi
riches en principes sucrés. Un pareil travail,
fait dans les diverses contrées où l'on cultive
la vigne, serait d'autant plus utile qu'il pourrait donner lieu ou, pour mieux dire, fournir
de bons matériaux pour une statistique vigni-
cole de la France. Les propriétaires même
pourraient, chaque année, connaître, à peu de
chose près, la bonté que devront avoir leurs
vins, en prenant annuellement les poids spécifiques de leurs moûts, et les comparant entre
eux.

§ II.

Poids spécifique du moût des principales espèces de plants des vignes.

Quoique dans nos vignobles on en compte
jusqu'à vingt-quatre, on peut cependant réduire
à sept les variétés qui forment la presque totalité de nos vignes ; pour celles même qui
sont cultivées pour les vins de transport, on
peut les réduire à trois ou quatre. Il n'y a
qu'une trentaine d'années qu'on recherchait les
vins fins, clairets, pétillans et peu colorés. C'est
maintenant un défaut capital ; il faut au com-

mercè des gros vins, c'est-à-dire qui soient fortement colorés. Quoique les premiers soient bien plus agréables, ceux qui achètent pour le transport n'en veulent point; ils préfèrent acheter les derniers à des prix supérieurs; parce qu'à leur destination, en y ajoutant de l'alcool et de l'eau, avec une barrique ils peuvent en faire trois sans que la couleur soit bien affaiblie, ce qui leur serait impossible avec les vins peu colorés. Ces derniers sont destinés à la consommation locale ou à la fabrication de l'alcool. Dans les départemens de l'Aude, de l'Hérault et des Pyrénées-Orientales, plusieurs particuliers, qui n'ont pas des vins très-colorés, y suppléent par diverses additions. Lors de la fermentation, ils y ajoutent du plâtre en poudre, des cendres des fours à chaux, et certains, une préparation chimique qui, à très-petite dose, leur donne une couleur très-intense qui ne s'altère qu'au bout de cinq à six mois. Afin de ne plus augmenter ce moyen de fraude, je n'ai pas cru devoir en publier la recette.

Dans la plantation des vignes on ne cherche plus à présent les qualités qui donnent un vin délicat, mais bien celles qui en produisent le plus, lorsque c'est pour la distillation, ou bien celles qui donnent le plus noir, lorsque c'est pour le transport.

Voici les sept espèces les plus cultivées en grand :

1° *Vitis, uvâ peramplâ, acino rotundo, nigro, dulco, acido.* Le *terret.* Obs.

Cette espèce est très-productive, mais le vin qu'elle donne est d'une qualité très-inférieure : il est acidule et peu coloré.

2° *Vitis pergulana, uvâ peramplâ, acino oblongo, duro et nigro.* Le *ribeirenc.* Obs.

Cette qualité est assez productive, son fruit est très-agréable au goût, et se conserve assez bien. Le vin qu'il produit est très-délicat et fort estimé des gourmets.

3° *Vitis serotina, acinis minoribus, acutis, flavo-albidis, dulcissimis.* La *blanquette* ou *clarette.* Obs.

Le fruit est un de ceux qui se conservent le mieux ; il donne un vin blanc mousseux, et plus ou moins estimé, suivant les terroirs.

4° *Vitis, acinis minoribus, dulcibus et griseis.* Le *piquepouil gris.* Obs.

C'est l'espèce la plus productive : le vin qui en est le produit est connu sous le nom de *vin gris ;* il est sec, mousseux et assez agréable.

5° *Vitis, acino rotundo, nigro, suavis saporis. Piquepouil noir.* Obs.

Moins productive que la précédente ; grain plus gros, grappe de couleur blanchâtre, vin coloré et spiritueux.

6° *Vitis, acino oblongo, subnigro, dulci et molli.* La *caragnane.* Obs.

Très-productive ; vin très-noir, mais d'un goût âpre, peu agréable et moins spiritueux que le précédent.

7° *Vitis, acino nigro, subrotundo, subaustero. Grenache.* Obs.

Espèce très-productive donnant un vin noir, fort doux tant qu'il n'est pas vieux, et très-spiritueux.

Ces 4 dernières espèces sont les plus cultivées, principalement les 5, 6 et 7, pour les gros vins. Elles constituent la majeure partie des vignes de Roussillon. J'ai également visité celles de *Vinaros*, en Espagne, qui donnent un vin très-noir, fort recherché pour le coupage des autres, et j'ai vu que les deux dernières faisaient environ les deux tiers des plants de ces vignes. Je vais maintenant exposer le poids spécifique de leur moût et la quantité d'alcool que chacun d'eux a donnée. Pour ne pas multiplier les citations, je me bornerai à présenter les expériences faites sur les vignobles de MM. Enjalric et Julia.

Vignoble de M. Enjalric, le 17 septembre, à 8 heures du soir.

NOMS DES RAISINS.	POIDS SPÉCIFIQUES DES MOUTS.	JOUR DE FERMENTATION.	ALCOOL OBTENU PAR LA DISTILLATION, LE 1er DÉCEMBRE. $\frac{25}{100}$
Terret.	22, 5	18 septembre, à 4 heures du matin.	à 18, 5 (Baumé)
Ribifrénc.	24, »	à 7 heures *idem.*	à 19, »
Blanquette.	24, 5	Id., à 4 heures du soir.	à 19, 5
Piquepouil gris.	24, »	Id., à 6 heures du matin.	à 19, »
Carägnane.	25, »	Id., à 7 heures du soir.	à 19, 5 (1)
Grenache.	26, »	Id., à 8 heures *idem.*	à 20, » (2)
Mélange des moûts.	24, 4	à 11 h. et dem. du mat.	à 20, » (3)

(1) Ce vin était très-doux et marquait 0 à l'œnomètre.
(2) *Idem.*
(3) Cette différence tient à ce que la fermentation du mélange était beaucoup plus avancée à cause des diverses quantités de ferment.

Vignoble de M. Enjalric, le 17 septembre, à 9 heures du matin.

NOMS DES RAISINS.	POIDS SPÉCIFIQUE DES MOUTS.	JOUR DE FERMENTATION.	ALCOOL OBTENU LE 1er DÉCEMBRE. $\frac{25}{100}$
Terret.	13, »	Le 20 septembre, à 8 heures du soir.	à 19, »
Ribeireac.	14, 3	à 10 heures idem,	à 20, »
Blanquette.	14, 5	Le 21 id., à 5 heures du matin.	à 20, »
Piquepouil gris.	14, 5	Le 20 id., à 9 heures du soir.	à 19, 3
Carignane.	15, »	à 7 heures du matin.	à 20, »
Piquepouil noir.	16, »	Le 22 id., à 6 h. 3 quarts idem.	à 21, »
Grenache.	16, »	Id., à 7 heures idem,	à 20, 5
Mélange des mouts.	14,55	Id., à 1 heure du matin.	à 21, 5

Ces quantités d'alcool ne sont pas le maximum de celles que ces moûts peuvent produire quand la vinification est complète, puisqu'en 1823 de nouvelles distillations de ces vins, faites le 16 mars, ont fourni, pour chaque 100 parties, 25 d'alcool qui était pour celui de :

Terret à 19, 5 ;
Ribeirène à 20, 65 ;
Blanquette à 21 ;
Piquepouil gris à 20, 7 ;
Caragnane à 21, 7 ;
Piquepouil noir à 22, 5 ;
Grenache à 22, 4 ;
Mélange des moûts à 21, 3.

Il est probable que tout le principe sucré n'était pas même encore converti en alcool. Ce qui vient à l'appui de cette assertion, c'est qu'en 1804 je distillai des vins de deux ans de *Rivesaltes, Peyres-tortes, Stagel et Banyuls,* qui sont les meilleurs terroirs du Roussillon, et j'en obtins 25 centièmes d'alcool à 22 degrés, tandis qu'en 1821, c'est-à-dire 17 ans après, j'en retirai la même quantité à 23, 4.

D'après les expériences précitées, on voit que toutes les qualités de raisin ne sont pas également riches en principe sucré, et que la fermentation tarde d'autant plus à s'établir et à être terminée qu'il est plus abondant ; de sorte qu'il est des moûts dont la fermentation est terminée en quelques jours, tandis que d'autres ne sont convertis en vin qu'après plusieurs mois. C'est ce qui a lieu pour ceux qui sont très-riches en principe sucré; on dirait qu'il leur sert de condiment : aussi les vins sont doux ou liquoreux, et ne perdent ce goût que lorsque presque tout le sucre est converti en alcool; ils sont alors très-spiritueux et s'acidifient difficilement. Dans le Roussillon, on en garde quelquefois des bouteilles débouchées jusqu'à trois mois, sans qu'elles aient subi la moindre altération. Lors de la tournée que M. le comte *Berthollet* fit dans les Pyrénées-Orientales, nous eûmes occasion de boire du vin vieux de Collioure, de vingt et un ans, qui était délicieux, malgré qu'il eût resté quatre mois débouché, la bouteille n'étant même qu'aux deux tiers pleine.

Pour donner quelques preuves de la différence qui existe entre la marche de la fermentation de divers moûts, je citerai quelques-unes des vingt expériences précédentes. En effet,

Le moût de M. *Faure*, marquant 14 degrés, et mis à fermenter le 14 septembre, le 31 du même mois à peine recouvrait la boule.

Le même, marquant 13 trois quarts, et mis à fermenter le 14 septembre, à peine marquait o.

Le moût de M. *Julia* oncle, de Caragnane, mis à fermenter le 20 septembre, le 6 octobre marquait o;

Celui de Ribeirènc, mis à fermenter le 20 septembre, le 6 octobre marquait 5 degrés;

Celui de piquepouil gris, mis à fermenter le

...7

20 septembre, le 6 octobre marquait 10 degrés;

Celui de blanquette, mis à fermenter le 20 septembre, le 6 octobre marquait 0;

Ceux de grenache et de piquepouil noir, mis à fermenter le 20 septembre, le 5 octobre marquaient 0;

Mélange de moûts, mis à fermenter le 20 septembre, le 6 octobre marquait 5 degrés.

Il est des moûts qui donnent beaucoup plus d'acide carbonique que d'autres, quoique contenant moins de principe sucré. Aussi, les vins qui en proviennent en retiennent une grande partie, et sont beaucoup plus légers que les autres. J'en ai distillé une foule qui marquaient jusqu'à douze degrés de plus que les autres, et qui cependant donnaient moins d'eau-de-vie. Dans la fermentation vineuse le vin peut marquer jusqu'à 2 degrés de l'œnomètre au-dessus de 0, sans qu'elle soit terminée, puisqu'il peut voir cette légèreté au gaz acide carbonique qu'il tient en dissolution, et qui en augmente le volume; de sorte que les vins les plus légers ne sont pas toujours les plus riches en alcool, puisqu'ils peuvent le devoir à ce principe comme à ce gaz acide. Sous ce point de vue, l'œnomètre est un instrument défectueux qui, bien souvent, ne peut que nous induire en erreur.

§ III.

Acide carbonique qui se dégage pendant la fermentation de quelques moûts.

Le 25 septembre 1822, je pris 5 dames-jeannes de contenance de 15 litres chacune. J'introduisis dans

N° 1, 12 litres de piquepouil gris à 13 deg.;

N° 2, 12 litres de blanquette à 13 deg.;

N° 3, 12 litres de piquepouil noir à 16 deg.;

N° 4, 12 litres de caragnane à 14 deg.;

N° 5, 12 litres de grenache à 15 deg.

Je les bouchai avec un gros bouchon de liége traversé par un tube de verre qui allait plonger dans un vase contenant une solution d'hydrochlorate de chaux et d'ammoniaque, et je lutai bien le tout. Au bout de vingt-quatre heures, la fermentation commença à s'établir; elle était plus vive vers le milieu du jour, se ralentissait la nuit, et même le jour, si je recouvrais le vase de verre où était la masse fermentante d'une étoffe de laine colorée en noir ou en bleu. Je laissai ces appareils en cet état pendant un mois, quoiqu'il y eût plus de douze jours qu'il ne passât plus de bulles de gaz acide carbonique. Les 5 précipités bien lavés et également séchés pesèrent

N° 1, 78 grammes;

N° 2, 88 grammes;

N° 3, 65 grammes;

N° 4, 48 grammes;

N° 5, 84 grammes.

Or, comme, d'après MM. *Aragot* et *Biot*, le poids spécifique d'un litre de gaz acide carbonique à 0, et sous la pression de 76, est égale à 1,9741, il en résulte qu'en admettant que 100 parties de carbonate de chaux en contiennent 44 de gaz acide carbonique, le précipité n° 1 était composé de 35 grammes 6 de cet acide; ce qui équivaut à environ 18 litres. Si l'on ajoute à cette quantité celle de 3 litres qui remplissaient la capacité supérieure des 5 dames-jeannes, et qu'on parte du même principe pour tous les quatre, on aura pour

N° 1, 21 litres;

N° 2, 23 litres 7;

N° 3, 18 litres;

N° 4, 14 litres;

N° 5, 22 litres.

Ces vins étaient très-pétillans et mousseux. Les ayant distillés dans un appareil convenable le 25 décembre,

N° 1 a donné 8 litres de gaz acide carbonique;

N° 2, 10 litres;

N° 3, 6 litres;

N° 4, 5 litres;

N° 5, 6 litres 5.

En joignant ces quantités aux précédentes, on aura pour somme totale du gaz acide carbonique produit par la fermentation vineuse, de

12 litres de moût de piquepouil à 13°. 28 lit.

12 litres de moût de blanquette à 13°, . 33, 7 lit.
12 litres de moût de piquepoul noir à 16°. 30,
12 litres de moût de caragnane à 14°. . 19,
12 litres de moût de grenache à 15°. . 28, 5

D'après ces expériences, il paraît démontré que la quantité d'acide carbonique produite par la fermentation n'est pas toujours en raison directe de la quantité de principe sucré contenu dans le moût, et qu'elle est relative aux proportions de ferment et de sucre qui existent dans les diverses qualités de raisin, puisque cette proportion d'acide peut varier depuis une fois et demie le volume du moût jusqu'à trois. On ne saurait assigner à ces expériences une précision mathématique, parce que, dans les mêmes qualités de raisin, les quantités d'acide peuvent être plus ou moins fortes, suivant leur degré de maturité, le terroir, l'exposition, l'âge des vignes, et les saisons plus ou moins favorables à leur culture.

Cette quantité de ferment est d'autant plus variable dans les moûts, qu'il est des vins qui sont encore doux au bout d'un an et demi, ce qui y démontre la prédominance du principe sucré sur le ferment; tandis qu'il en est d'autres, comme la blanquette et le piquepoul gris, qui en contiennent en si grande quantité, qu'au bout de quatre mois, lorsque la fermentation est terminée, il suffit d'y ajouter du sucre pour en déterminer une nouvelle. Ce fait est si bien connu des gourmets, que, lorsqu'ils veulent avoir des vins blancs très-mousseux, ils ne manquent pas d'y ajouter 128 grammes de sucre candi en poudre pour chaque 20 litres de moût; deux jours après, ils bouchent les dames-jeannes ou les barriques.

§ IV.

Du mitage.

On s'est long-temps occupé des moyens propres à s'opposer à la fermentation du moût, afin de le conserver pour préparer le sirop ou le sucre de raisin. L'acide sulfureux et quelques oxides métalliques furent reconnus posséder cette propriété. D'après cela, quelques auteurs pensèrent qu'ils n'agissaient ainsi qu'en opérant l'oxigénation au ferment. Je vais présenter une série d'expériences que je crois propres à démontrer combien cette opinion est mal fondée.

Le 17 septembre 1822, je pris vingt bouteilles de contenance de cinq litres chacune, dans lesquelles j'introduisis les substances indiquées dans le tableau suivant.

Nos.	SUBSTANCES EMPLOYÉES.		JOUR QUE LA FERMENTATION S'EST ÉTABLIE.	NOMBRE DE JOURS QUE LE MOUT S'EST CONSERVÉ.
1	5 lit. de moût.	192 grammes de raves pilées.	19 septembre.	3.
2	Idem.	1 gram. de sulf. de quinine.	19 septembre.	2.
3	Id.	16 grammes de tabac.	19 septembre.	2.
4	Id.	16 gram. de charbon végétal.	21 septembre.	4.
5	Id.	Bien bouchées (1).	21 septembre.	4.
6	Id.	4 gr. camphre dans 16 alcool.	23 septembre.	6.
7	Id.	128 gr. feuilles de raves pilées.	28 septembre.	21.
8	Id.	192 grammes de poreaux pilés.	1er octobre.	13.
9	Id.	16 gram. de cannelle en poudre.	12 octobre.	35.
10	Id.	Idem de poivre.	18 septembre, le soir.	2 et demi.
11	Id.	Idem. de moutarde pulv.	28 septembre.	21.
12	Id.	128 grammes d'échalotes.	6 octobre.	19.
13	Id.	160 grammes d'ognons pilés.	19 septembre.	1 mois 3 jours.
14	Id.	96 grammes d'ail pilé.	28 septembre.	1 mois 11 jours.
15	Id.	62 gr. de moutarde pulverisée.	Le 1 mai le moût était encore bien conservé.	Au bout de 8 mois la fermentation n'avait pas encore eu lieu: j'ignore même si depuis elle s'est établie.
16	Id.	50 idem.		
17	Id.	26 idem.		
18	Id.		18 septembre.	

(1) Sur trois bouteilles le bouchon de deux sauta malgré qu'il eût été assujéti par une ficelle

On voit par ces exemples que la cannelle, les feuilles de raves, les sucs des poreaux, des échalotes, des ognons et de l'ail s'opposent à la fermentation vineuse plus ou moins de temps. Ces quatre derniers végétaux décolorent le moût en grande partie, le clarifient et y forment un *coagulum* qui se précipite au fond de la liqueur. La moutarde est le seul des végétaux précipités qui jouisse de la propriété de détruire les effets du ferment. Elle clarifie et décolore promptement le moût, ce que j'attribue à la grande quantité d'albumine que contient cette semence, ainsi que je l'ai annoncé dans un mémoire que j'eus l'honneur de présenter à l'Académie royale des Sciences en 1820. J'étais même porté à attribuer à cet albumine et au soufre qu'elle contient, ainsi qu'à l'huile volatile, son action sur le ferment. Pour m'en convaincre, j'entrepris les expériences suivantes. J'introduisis dans trois grandes bouteilles,

Nº 1, 5 lit. de moût et 16 gram. de soufre ;

Nº 2, 5 lit. de moût et 32 grammes d'huile de térébenthine soufrée ;

Nº 3, 5 lit. de moût et 2 gram. d'huile volatile de moutarde ;

Au bout de sept jours, le nº 1 entra en fermentation, en dégageant une très-forte odeur d'acide hydro-sulfurique.

Le nº 2 fermenta le neuvième jour.

Le nº 3, au mois de mai, était encore bien conservé.

Il paraît donc certain que la vertu anti-fer-mentescible de la moutarde réside dans son huile volatile ; que le soufre n'y influe en rien, et que l'albumine ne fait que décolorer et clarifier le moût en entraînant, par la coagulation, la substance colorante et celles qui en troublaient la transparence. J'ai fait plus de vingt-cinq expériences avec l'huile volatile de moutarde, et toutes ont été couronnées du même succès. Ses effets sont même tels que, lorsque cette fermentation est bien établie, il suffit de quelques gouttes pour l'arrêter complètement. Il me restait à déterminer si cette propriété ne lui était pas commune avec les autres huiles volatiles ; pour m'en assurer, je mis dans

Nº 1, 5 lit. de moût avec 4 gram. d'huile de girofle.

Nº 2, 5 lit. de moût avec 4 gram. d'huile de menthe poivrée ;

Nº 3, 5 lit. de moût avec 4 gram. d'huile d'anis ;

Nº 4, 5 lit. de moût avec 4 gram. d'huile de bergamotte ;

Nº 5, 5 lit. de moût avec 4 gram. d'huile de citron ;

Nº 6, 5 lit. de moût avec 4 gram. d'huile de lavande ;

Nº 7, 5 lit. de moût avec 4 gram. d'huile de romarin ;

Nº 8, 5 lit. de moût avec 4 gram. d'huile de térébenthine.

La fermentation eut lieu deux jours après ;

8

d'où l'on peut conclure que celle de moutarde diffère essentiellement des autres.

§ V.

Tous les chimistes ont avancé que la présence de l'air était indispensable pour que la fermentation vineuse eût lieu ou commençât à s'établir. L'un des plus habiles chimistes français, M. *Thénard*, a dit que le moût privé du contact de l'air ne possède point la propriété de fermenter. Il rapporte à ce sujet une expérience très-curieuse, et qui paraît même concluante, de M. *Gay-Lussac*, qui ayant fait passer sous une éprouvette pleine de mercure, et dont les parois avaient été bien purgées d'air par l'acide carbonique et ce métal, des raisins bien mûrs, et les ayant écrasés avec les mêmes précautions, ces raisins n'entrèrent point en fermentation, quelle que fût l'élévation de température; mais dès qu'il y eut introduit quelques bulles de gaz oxigène, elle s'établit de suite.

Une semblable expérience, faite par un chimiste si distingué, paraît ne rien laisser à désirer. Je vais donc présenter celles que j'ai entreprises sur le même sujet, sinon comme décisives, du moins comme pouvant donner lieu à de nouvelles observations.

Le 18 septembre 1822, je pris cinq bouteilles, de contenance de quinze litres chacune; je remplis le n° 1 de moût, et les quatre autres d'huile. Après une demi-heure de séjour je les vidai, et j'introduisis dans chacune 14 litres de moût que j'avais préparé en écrasant les raisins dans un linge plongé dans un grand entonnoir, afin de garantir autant que possible le moût du contact de l'air ; j'y versai par-dessus un litre d'huile, de manière que ces moûts en étaient recouverts d'une couche de six pouces.

Le 19, le n° 1 entra en fermentation.

Le 20 les n°ˢ 2, 3, 4 et 5.

D'après ces essais, la présence de l'air ne serait pas absolument nécessaire pour que la fermentation vineuse ait lieu, à moins que d'en admettre dans le moût.

Il résulte de toutes les expériences que je viens d'énumérer :

1° Que, dans un même terroir, non-seulement le même degré de spirituosité des vins diffère suivant l'âge des vignes, mais encore suivant la variété des plants; et que les plus riches en matière colorante et en principe sucré sont le grenache, le piquepouil noir et la caragnane ;

2° Que le poids spécifique des vins n'est plus un signe évident de leur degré de spirituosité, puisqu'elle peut être due à l'acide carbonique comme à l'alcool;

3° Que la quantité de ferment diffère dans les diverses espèces de raisins, ce qui fait que la fermentation se développe plus ou moins vite, et est plus ou moins longue;

4° Qu'un vin se conserve d'autant plus que la fermentation a été plus longue à s'opérer complètement, et que ceux dont elle est bientôt terminée sont les plus sujets à se détériorer;

5° Que l'huile volatile de moutarde est un des meilleurs moyens pour muter le moût; et que la moutarde en poudre doit cependant être préférée, parce qu'elle le décolore et le clarifie en même temps;

6° Enfin que la présence de l'air, pour que la fermentation vineuse ait lieu, pourrait bien n'être pas d'une nécessité absolue; dans le cas contraire, mes expériences démontreraient qu'il suffit d'une bien petite quantité pour opérer cet effet.

FIN.

VOCABULAIRE.

A

ACÉTATES. Sels formés par l'acide acétique et une base salifiable.

—— D'ALUMINE. Acide acétique et alumine.

—— D'AMMONIAQUE. Sel formé d'acide acétique et d'alcali volatil.

—— DE CUIVRE. Synonyme de *cristaux de Vénus; verdet cristallisé :* composé d'acide acétique et d'oxide de cuivre.

—— DE CUIVRE (Sous-), VERDET, OU VERT-DE-GRIS. Ce sel diffère du précédent, en ce que celui-ci contient un excédant de base.

—— DE FER. Acide acétique et oxide de fer.

—— DE PLOMB, SEL, OU SUCRE DE SATURNE. Acide acétique et oxide de plomb.

—— DE PLOMB (Sous-), EXTRAIT DE SATURNE. Il diffère du précédent par un excès de base.

—— DE POTASSE. Acide acétique et potasse.

—— DE SOUDE. Acide acétique et soude.

ACIDES. Substances composées qui ont généralement une saveur acide, rougissent la teinture de tournesol et la plupart des couleurs bleues végétales, et forment, en s'unissant aux bases salifiables, une classe de corps connue sous le nom de sels. Les acides sont le résultat de l'union de certains corps avec l'oxigène; alors ils sont

.8

appelés *oxacides*, ou bien avec l'hydrogène, et ils portent le nom d'*hydracides*; enfin, ils peuvent être le résultat de la combinaison de certains corps entre eux sans oxigène ni hydrogène, tels que le *chlore* avec le *bore* : acide *chloroborique*, etc.

ACIDE ACÉTIQUE. Vinaigre concentré dépouillé des substances étrangères qu'il contient.

—— CARBONIQUE. Composé de parties égales d'oxigène et de vapeur de carbone, condensés en un volume. Il se dégage des cuves en fermentation, etc.

—— HYDROCHLORIQUE OU MURIATIQUE. Il est formé par le chlore et l'hydrogène. Cet acide constitue, avec la soude, le sel marin. Il portait jadis le nom d'*esprit-de-sel*.

—— NITRIQUE, OU EAU FORTE. C'est une combinaison de l'azote avec l'oxigène. Il est un des principes constituans du sel de nitre.

—— SULFURIQUE OU VITRIOLIQUE, *huile de vitriol*. C'est le résultat de la combinaison du soufre avec l'oxigène. Cet acide est une des parties constituantes des sulfates ou vitriols.

ACIDIFIABLE. Corps susceptibles de passer à l'état acide.

ACIDIFIANT. Propriété supposée à l'oxigène et à l'hydrogène de faire passer certains corps à l'état d'acide. Il paraît plus naturel de croire que l'acidification est le produit de cette union, à laquelle participent également les deux principes constituans.

AILE. Bière d'une consistance plus sirupeuse et d'un goût plus sucré, parce qu'elle n'a pas subi une fermentation assez longue pour avoir alcoolisé tout le sucre.

AIR ATMOSPHÉRIQUE. Fluide élastique qui, abstraction faite de toutes les exhalaisons et vapeurs qu'il contient, enveloppe de toutes parts le globe terrestre, s'élève à une hauteur inconnue, pénètre dans les abîmes les plus profonds, fait partie de tous les corps, et adhère à leur surface. Il est composé de

Azote. . . 79
Oxigène. . 21
—————
100

Plus d'environ 0,10 d'acide carbonique.

ALCALIS. Substances qui verdissent la plupart des couleurs bleues végétales, ont une saveur âcre et urineuse, saturent les acides, et forment avec eux des sels.

ALCALI MINÉRAL. *Vid.* SOUDE.

ALCALI VÉGÉTAL. *Vid.* POTASSE.

ALCOOL. Liqueur incolore, volatile, inflammable, plus légère que l'eau, produite par la fermentation des corps sucrés, et extraite par la distillation des liquides qui en sont le produit. L'alcool ou esprit-de-vin est plus ou moins rectifié, c'est-à-dire qu'il contient plus ou moins d'eau. Il est composé de carbone, d'hydrogène et d'oxigène.

ALUMINE. L'une des terres primitives, connue autrefois sous le nom d'argile, et maintenant soupçonnée d'être l'oxide d'un métal qu'on n'a point encore isolé, et qu'on nomme *aluminium*. L'alumine est la base de l'alun.

AMIDON, OU FÉCULE. Principe immédiat de divers végétaux, qui jouit de la propriété de se convertir en matière sucrée, par l'action de l'acide sulfurique.

AZOTE. Gaz qui entre pour 0,79 dans la compo-

sition de l'air. Il est impropre à la combustion
et à la respiration.

B

BASES ACIDIFIANTES. Corps qui, en s'unissant avec
l'oxigène ou l'hydrogène, se convertissent en
acides. Les acides produits par ces bases et
l'oxigène portent le nom d'*oxacides*, et celles
avec l'hydrogène, d'*hydracides*.

—— SALIFIABLES. Cette dénomination s'applique
à tous les corps, soit alcalis, terres, oxides métalliques, etc., qui, en s'unissant avec les acides, forment des sels.

BIÈRE. Boisson qui est produite par la fermentation de quelque céréale, principalement l'orge,
avec le houblon.

C

CALORIQUE. Fluide impondérable et invisible qui
pénètre tous les corps, s'interpose entre leurs
molécules, les dilate, et les fait passer de l'état
solide à l'état liquide, et souvent à celui de fluide élastique. Le calorique ne doit pas être con-
fondu avec la chaleur, laquelle n'est autre chose
que la sensation qu'il nous fait éprouver.

CARBONATES. Sels formés par l'acide carbonique et
une base.

—— DE CHAUX, ou CRAIE. Sel formé par l'acide
carbonique et la chaux.

—— DE SOUDE, OU SEL DE SOUDE. Acide carbonique
et soude.

CHARBON. Résidu fixe que laissent les substances
végétales, fortement calcinées, dans un vaisseau
clos.

—— ANIMAL. Résidu des os, fortement calcinés,
dans des vases clos.

CHAUX OU TERRE CALCAIRE. C'est le produit de l'union d'un métal nommé *calcium* avec l'oxigène. La chaux est la base des marbres, des pierres calcaires, des os, etc.

CIDRE. Liqueur fermentée, provenant du suc des pommes.

D

DÉLIQUESCENCE. Propriété dont jouissent certains corps solides d'attirer l'humidité de l'air et de se réduire ainsi en liqueur.

DISTILLATION. Opération faite, à l'aide du calorique et dans les appareils formés, afin de séparer un liquide plus volatil d'un autre qui l'est moins, ou bien d'un corps solide.

E

EAU OU OXIDE D'HYDROGÈNE. Ce liquide est composé de 80 parties d'oxigène et de 20 d'hydrogène.

—— DE-VIE. Alcool étendu d'eau, et marquant à l'aréomètre depuis 18 jusqu'à 23 degrés.

ESPRIT-DE-VIN. *Vid.* ALCOOL.

ETHER. Liqueur très-inflammable, plus légère que l'alcool que l'on obtient par la distillation de ce menstrue, avec un acide dont il retient le nom. Ainsi, l'alcool préparé avec l'acide sulfurique, se nomme éther sulfurique.

— phosphorique	— phosphorique.
— arsénique	— arsénique.
— acétique.	— acétique.
— nitrique.	— nitrique.
— oxalique	— oxalique.

F

FERMENT. Substance particulière, propre à développer la fermentation dans les liqueurs sucrées.

Le ferment qui fait partie de quelques-unes de ces liqueurs, n'a pu en être isolé. M. Thénard en attribue la formation à une substance particulière du moût, qui est très-soluble dans l'eau, laquelle, en s'unissant à l'oxigène de l'air, peut se convertir en ferment.

FERMENTATION. Altération spontanée, qui a lieu dans certaines substances végétales privées de la vie, laquelle change leur nature et donne lieu à de nouveaux produits, suivant la nature des végétaux.

—— ACÉTIQUE. C'est la transformation des liqueurs alcooliques en vinaigres, par la soustraction d'une partie du carbone (Saussure), qui, en s'unissant à un volume égal à celui de la vapeur de carbone enlevée à l'acide, donne lieu à de l'acide carbonique qui se dégage dans cette fermentation ; la présence de l'air est indispensable.

—— ALCOOLIQUE OU VINEUSE. C'est la conversion des matières sucrées en alcool par l'addition d'un ferment. Dans cette opération, selon M. Gay-Lussac, le sucre perd un volume de vapeur de carbone et un volume d'oxigène, qui, en se combinant, produisent un volume de gaz acide carbonique, tandis que l'hydrogène et les autres principes constituans du sucre forment de l'alcool.

G

GAZ. Corps réduit en vapeur par le calorique.

On appelle gaz permanens ceux qui, comme l'air, le gaz azote, hydrogène, etc.; n'ont pu être liquéfiés.

GOUDRON. Substance inflammable demi-liquide, obtenue par la distillation des pins et des sa-

pins trop vieux pour donner de la térébenthine, ainsi que par la distillation du bois, etc.

H

HYDROGÈNE (Gaz). Gaz combustible, brûlant,
avec une flamme bleue; il est quinze fois plus
léger que l'air, et est un des principes constituans de l'eau, de l'alcool, du sucre, etc.

HYDROCHLORATE DE SOUDE. Sel composé d'acide
hydrochlorique et de soude. Ce sel est le même
que le muriate de soude, le sel marin, le sel de
cuisine et le chlorure de calcium.

HYDROCHLORATE DE BARITE. Sel composé d'acide
hydrochlorique et de barite ; synonyme de muriate de barite.

—— DE CHAUX. Acide hydrochlorique et chaux.

—— DE MAGNÉSIE. Acide hydrochlorique et magnésie.

L

LIGNEUX. C'est ce qui constitue la fibre végétale.

LEVURE DE BIÈRE. C'est une pâte d'un blanc gri-
sâtre, ferme et cassante, qui résulte de l'écume
qui se produit pendant la fermentation de la
bière, laquelle écume est formée, d'après M. Thénard, de bière, de ferment, d'un peu d'amidon
et peut-être d'un peu d'hordéine. On lave cette
matière pour en séparer le principe amer du
houblon et le peu de bière qu'elle contient. En
cet état, elle porte le nom de levûre de bière,
et est vendue comme un excellent ferment.

LIQUEUR ACÉTIQUE. Solution de soude caustique
dans l'eau, dans des proportions bien exactement
déterminées.

M

MALT. C'est le nom que l'on donne à l'orge saccha-
rifié par la germination.

Mèches. Bandes de toile plongées dans du soufre
fondu, qu'on brûle dans les tonneaux pour mûter le moût ou pour clarifier les vins.

Mélasse. Sucre liquide, épais et non cristallisable
du suc de canne. Il est d'une couleur noirâtre et
a un léger goût d'empyreume.

Mucilage. Principe contenu dans les végétaux,
qui se dissout dans l'eau, avec laquelle il forme
un liquide plus ou moins épais, etc.

Mout. Liqueur sucrée contenue dans le raisin, etc.
Il est ordinairement composé de sucre, d'eau,
des élémens du ferment, de gluten, de sulfate de
potasse, de surtartrate, d'acidule de potasse, et de
chaux, etc.

N

Nitrate d'argent. Sel composé d'acide nitrique
et d'oxide d'argent.

—— de soude. Sel composé d'acide nitrique et
de soude.

—— de potasse, ou sel de nitre. Sel composé
d'acide nitrique et de potasse.

O

Oxigène (gaz). Fluide élastique, qui entre pour
0,21 dans la composition de l'air atmosphérique,
qu'il rend propre à la combustion et à la respiration.

P

Pain des vinaigriers. Composé formé de piment,
de poivre long et blanc, de cubèbe et de gingembre, dont certains vinaigriers, même en Allemagne, se servent pour donner plus de saveur
et de *montant* aux vinaigres.

Poiré. Boisson mousseuse obtenue par la fermentation du jus des pommes.

PORTER. C'est une espèce de bière dont l'usage est très-répandu en Angleterre.

POTASSE, OU ALCALI VÉGÉTAL. C'est un oxide provenant de l'union de l'oxigène avec le potassium : on l'extrait des cendres des végétaux par la lessivation et la calcination.

POTASSIUM. Métal découvert par M. Davy, qui est plus léger que l'eau, et brûle à sa surface.

R

RAPÉS. Copeaux de bois de hêtre destinés à clarifier le vin, le cidre, le poiré, etc., ainsi qu'à favoriser la fermentation acétique, surtout quand ils ont déjà servi à l'usage précité.

RÉACTIFS. Nom donné aux substances employées dans les analyses chimiques pour reconnaître les corps par les changemens sensibles qu'elles leur font éprouver.

REPASSE. Résidu de la distillation des vins qui reste dans les chaudières destinées à cet usage.

S

SELS. Composés d'un acide et d'une base salifiable : ils sont neutres quand la saturation est complète, c'est-à-dire quand ils ne manifestent aucune des propriétés de l'acide ni de la base ; sur-sels, quand il y a excès d'acide ; et sous-sels, quand il y a excès de base.

SIROP DE RAISIN. On l'obtient en saturant l'acide contenu dans le moût du raisin, clarifiant ensuite ce moût par le blanc d'œuf, le filtrant à travers une étoffe de laine, et le faisant évaporer jusqu'à consistance sirupeuse.

SODIUM. Métal découvert en 1807 par M. Davy ; il est la base de la soude.

SOUDE, OU ALCALI MINÉRAL. C'est un oxide composé

d'oxigène et d'un métal connu sous le nom de sodium : on l'extrait des plantes marines par la combustion, ou du sel marin par des procédés chimiques.

SOUFRE. Corps simple, de couleur jaune-citron, inaltérable à l'air, très-fusible, brûlant avec une flamme bléue d'une odeur suffocante, donnant, par son union avec l'oxigène, quatre acides dont les seuls employés dans les arts sont le sulfureux et le sulfurique. Le sulfureux est celui qui se produit quand on brûle dans les tonneaux une bande de toile enduite de soufre et connue sous le nom de mèche, afin de mûter le moût ou de clarifier les vins. Avec l'hydrogène, le soufre produit un acide connu sous le nom d'acide hydrosulfurique ou gaz hydrogène-sulfuré.

SUCRE. Principe immédiat des végétaux, qui a une saveur très-douce; et que l'acide nitrique convertit en acide oxalique. Le sucre, par la fermentation, se convertit en alcool, et celui-ci en acide acétique. Il existe dans la canne à sucre, le moût des raisins, et le suc d'un grand nombre de végétaux.

—— DE SATURNE. On nomme ainsi l'acétate de plomb.

—— DE RAISIN. On l'extrait par la concentration du sirop de raisin.

SULFATE DE CHAUX. Sel insoluble composé d'acide sulfurique et de chaux.

—— DE SOUDE. Sel composé d'acide sulfurique et de soude.

T

TARTRATE (Sur-) DE POTASSE, OU CRÈME DE TARTRE. C'est le sel que les vins déposent sur les

parois des tonneaux : il est composé d'acide tar-
trique en excès et de potasse. Avant d'être purifié, ce sel porte le nom de tartre.

TARTRATE DE CHAUX. Ce sel se trouve, en petite quantité ; uni au précédent ; il est composé du même
acide et de chaux : il n'est presque pas soluble.

TOURAILLONS. Ce sont les petits germes qui se détachent de l'orge germé, connu sous le nom de
malt.

V

VERT-DE-GRIS, OU VERDET, C'est un sous-acétate de
cuivre, que l'on prépare dans le midi de la
France, en faisant agir le marc de raisin acidifié sur des plaques de cuivre.

VERDET CRISTALLISÉ, *cristaux de Vénus.* C'est un
acétate de cuivre obtenu en dissolvant le vert-
de-gris dans le vinaigre, et faisant cristalliser
cette dissolution.

FIN DU VOCABULAIRE.

TABLE ALPHABÉTIQUE.

ACÉTATE d'alumine. . . . . Pages 27 - 178
——— d'ammoniaque. . . . . 28 - 177
——— de cuivre. 27
——— de fer. 27
——— de mercure. 28
——— de plomb. 27
——— de potasse. . . . . 28 - 178
——— de soude. . . . . 281 - 100
——— (Sous-) 27
Acétimètre de M. Descroizilles. 126
Acétomètre ordinaire. 124
Acide acéteux. 80
——— acétique. 23
——— (Composition de l'). 28
——— (Préparation de l'). 29
——— pyroligneux. 98
Air. 54
Application du vinaigre à la conservation des
      substances animales. 185
——— aux substances végétales. . . . 188
Baume acétique. 163
——— anti-arthritique. . . . . ib.
Bigarreaux 188
Boisson antinarcotique. 161
Câpres. 187
Charbon. 97
Collutoire de Schyron. 161
Collyre de Newmann. . . . . ib.
Comparaison des divers vinaigres. . . . 174
Concentration des vinaigres. 92
——— par la gelée   id. . . . . ib.
——— par le charbon. 93

Cornichons. . . . . *Pages* 187
Cristaux de Vénus. 181
Décoction antiseptique. 162
Décoloration des vinaigres. 91
Degré de concentration des vinaigres. . . 121
Distillation du bois. 95
Eau d'arquebusade. 162
——— diurétique camphrée. 163
Essence scillitique de Keup. . . . . . *ib.*
Ether acétique. 166
——— cantharidé. 169
——— ferré. . . . . *ib.*
Expériences sur la purification de l'acide py-
     roligneux, et sur sa conversion en acide
     acétique, par M. Hermbstad. 115
Falsification des vinaigres. 138
Ferment. 50
——— (Préparation du). 51
——— (Gâteaux de). 53
Fermentation vineuse. 6
——— acétique. 14
Fomentation de Richter. 164
Frais d'établissement d'une fabrique de vi-
     naigre de bois. 106
Fumigation avec le vinaigre. 156
Gargarisme odontalgique de Plenck. . . 164
Goudron. 98
Haricots verts. 189
Introduction. VII
Liqueur acétimétrique. 127
——— caustique de Plenck. 165
Moutarde. 167
——— (Examen chimique de la). . . 200
——— (Extrait de). 210
——— (Huile volatile de la). . . . 211
——— (Albumine de la). 212

Moutarde (Action de l'alcool sur la) . *Pages* 216
——— (Action de l'éther sur la). . . . . . *ib.*
——— (Action du vinaigre sur la). . . . . *ib.*
——— (Préparation de la). 217
——— (Propriétés de la). 221
——— (Soufre de la). 213
Ognons. 188
Onguent égyptiac. 165
Oxycrat d'Andrya. 170
Oximel d'Edimbourg. . . . . *ib.*
——— danois. 171
——— colchique. . . . . *ib.*
——— simple. 172
——— scillitique. 173
Poivrons. 188
Pommes précoce, première fleur. 77
——— intermédiaires, seconde fleur. . . . *ib.*
——— tardives, troisième fleur. 78
——— d'amour. 189
Préservatif du claveau. 155
Propriétés du vinaigre. 175
Remède contre les tumeurs chroniques des ar-
    ticulations, de Purmann. 165
Savon acétique éthéré. 170
Sel volatil de vinaigre. 185
Sels de vinaigre. 176
Sirop de vinaigre framboisé. 174
Sous-acétate de cuivre. 180
Sous-carbonate de soude. 103
Tableau des propriétés d'alcool que contien-
    nent pour cent les vins étrangers. . . 57
——— Les vins de France. 58
——— (Récapitulation du). 65
Température. 55
Terre foliée de tartre. *Vid.* acétate de potasse. 178
Tomates. 180

Vert-de-gris. . . . . *Pages* 180
Verdet cristallisé. 181
Vertus médicales du vinaigre. 175
Vinaigre. 31
——— d'aile. 84
——— d'amidon. 70
——— antiputride et curatif. 153
——— bézoardique de Berlin. 151
——— de bière. 75
——— (Méthode de Boerhaave). 36
——— de bois. 94
——— camphré. 151
——— camphré de Spielmann. 152
——— à la cannelle. 147
——— de cidre. 77
——— de M. Chaptal. 66
——— de chiffons. 85
——— colchique. 157
——— colchique de Reuss. 152
——— de cologne. 149
——— Composé. 144
——— (Crême de). 148
——— (Méthode anglaise.). 103
——— d'eau-de-vie. 55-66
——— d'Espagne. 44
——— d'estragon. 157
——— de fard. 149
——— fébrifuge. 153
——— (Méthode flamande.). 37
——— à la fleur d'orange. 22
——— de framboise. 82
——— framboisé. 158
——— de M. Cadet de Gassicourt. 69
——— au girofle. 147
——— de groseille. 81
——— de lavande. 144
——— de malt ou drêche. 82